工程制图习题集

GONGCHENG ZHITU XITI JI

黄林冲　主编

·广州·

图书在版编目（CIP）数据

工程制图习题集 / 黄林冲主编 .—广州：中山大学出版社，2022. 12
ISBN 978-7-306-07689-2

Ⅰ. ①工…　Ⅱ. ①黄…　Ⅲ. ①工程制图—高等学校—习题集　Ⅳ. ① TB23-44

中国版本图书馆 CIP 数据核字（2022）第 252629 号

出 版 人：王天琪
策划编辑：嵇春霞
责任编辑：姜星宇
封面设计：曾　斌
责任校对：井思源
责任技编：靳晓虹
出版发行：中山大学出版社
电　　话：编辑部 020-84110283，84110776，84113349，84110779
　　　　　发行部 020-84111998，84111981，84111160
地　　址：广州市新港西路 135 号
邮　　编：510275　　　　　传　真：020-84036565
网　　址：http：//www.zsup.com.cn　E-mail：zdcbs@mail.sysu.edu.cn
印 刷 者：佛山市浩文彩色印刷有限公司
规　　格：787mm × 1092mm　1/8　17 印张　240 千字
版次印次：2022 年 12 月第 1 版　　2022 年 12 月第 1 次印刷
定　　价：52. 00 元

目　　录

基 础 编

专 业 编

序

本书是中山大学出版社《工程制图》教材的配套习题集。“工程制图”是一门具有显著工程性、操作性特点的课程，为了提高学生的图解能力和学习效果，编写了这本习题集，并在选题和顺序编排上与教材保持一致。

习题集选题力求适应专业广、题量少而精的特点，同时体现教材的重点、难点。通过练习，让学生熟练掌握正投影方法，培养学生的空间思维能力，以及对空间几何要素的图示和图解能力。工程制图部分内容的编排旨在完成由正投影原理到工程图样的过渡，以提高学生对图形的阅读和表达能力。通过识读和绘制相关专业的工程图练习，熟练掌握国家标准，为专业课学习积累识图、画图基础。练习题难易并存，题量适中，供教学中适当选择。

习题集中选取了编入图幅大、图量多的房屋建筑图、电气工程图和化工工程图等，对这类“大作业”，教学中可自行灵活选取。

本习题集由中山大学黄林冲教授统稿主编，参加编写的有黄林冲（第 1、2、3 章）、马建军（第 4、5、6、13 章）、梁禹（第 12、14 章）、杨宏伟（第 7、8、9 章）、党文刚（第 10、11 章）。

感谢关心和帮助本书出版的全体人员。

由于编者的水平有限，书中难免存在缺点和错误，希望读者指正。

编　者

基础编

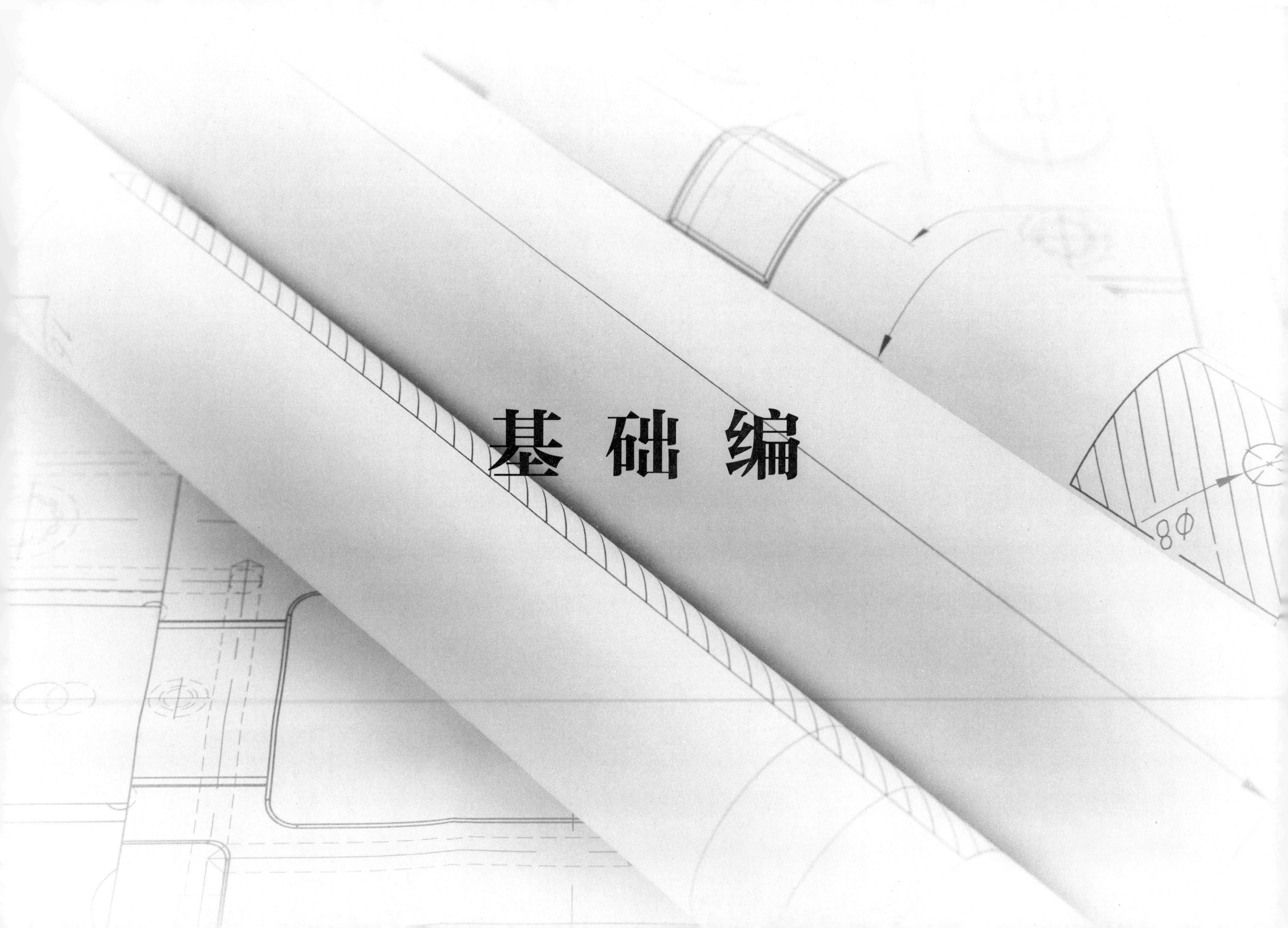

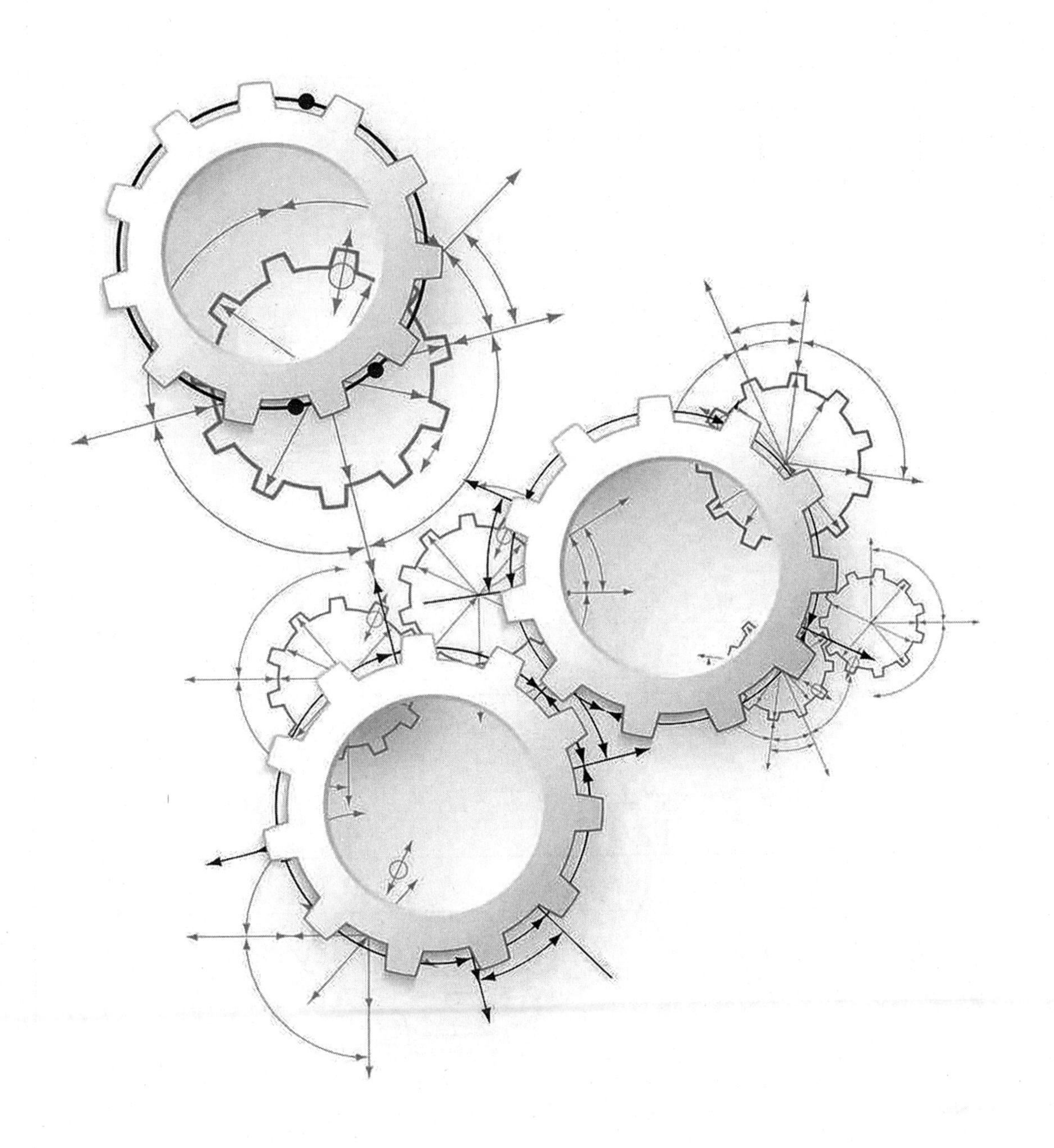

第1章　制图的基础知识

章节链接：

工程图样是指导现代生产和建设的重要技术文件，是工程界交流技术思想的一种共同语言。每个工程技术人员均应熟悉和掌握有关制图的基本知识和技能。

本章练习对应《工程制图》教材第1章重点内容展开。

练习目标：

1. 可以规范书写长仿宋字体汉字、拉丁字母与阿拉伯数字。
2. 熟悉作图步骤，掌握基本作图方法，能够合理安排尺寸标注。

1-1　手写字体练习

（1）长仿宋字体练习（一）。

中 山 大 学 制 图 房 屋 建 筑 铁 路 公 桥 梁 隧 道 水

（2）长仿宋字体练习（二）。

班 级 姓 名 审 核 日 期 比 例 校 对

（3）阿拉伯数字、拉丁字母练习。

0 1 2 3 4 5 6 7 8 9

Aa Bb Cc Dd Ee Ff Gg Hh Ii Jj Kk Ll Mm Nn

Oo Pp Qq Rr Ss Tt Uu Vv Ww Xx Yy Zz

班级		姓名		学号		审阅	

1-2 平面图形

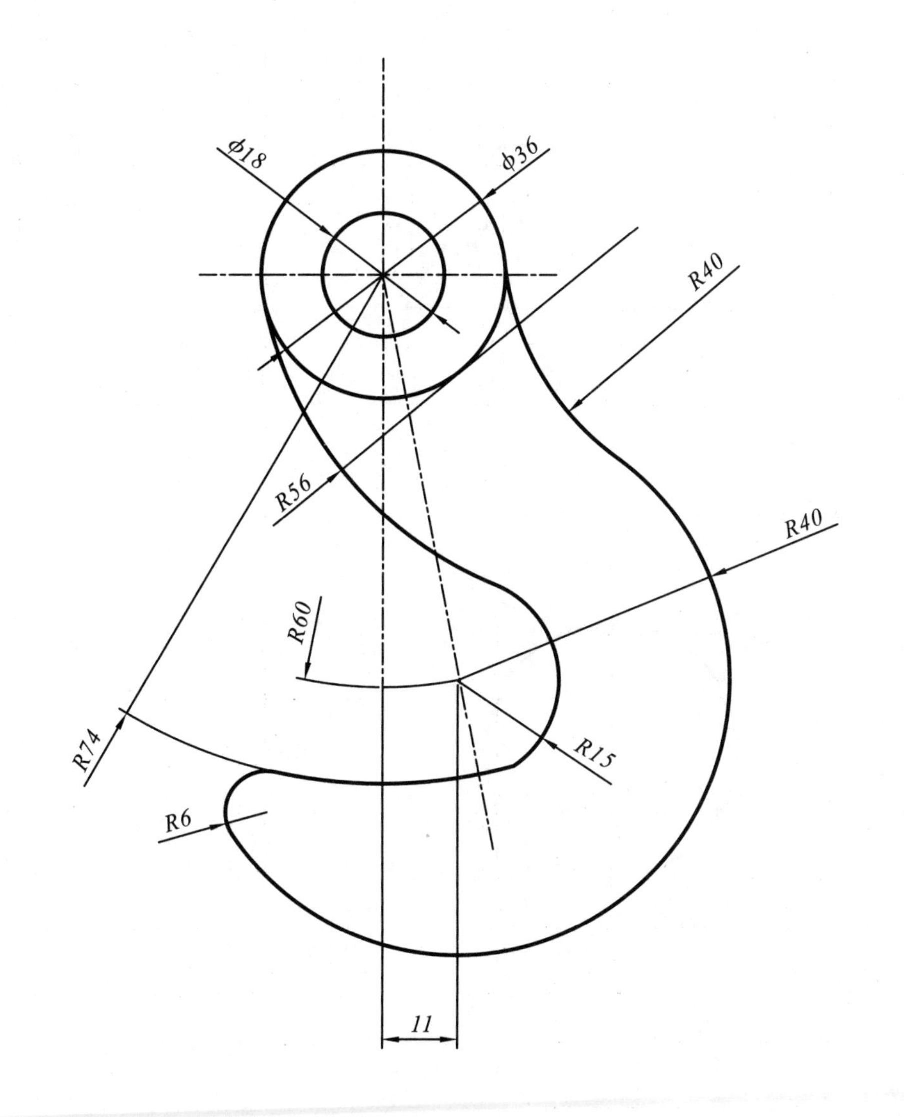

作业指导

1. 作业名称：平面图形
2. 作业内容：用 A4 幅（竖放）按 1：1 的比例画图，并标注尺寸
3. 作业目的：掌握圆弧连接的作图方法，熟悉平面绘图步骤和标注尺寸的方法

班级		姓名		学号		审阅	

1-3 尺寸标注

标注图中的尺寸，从图中量取大小，取整。

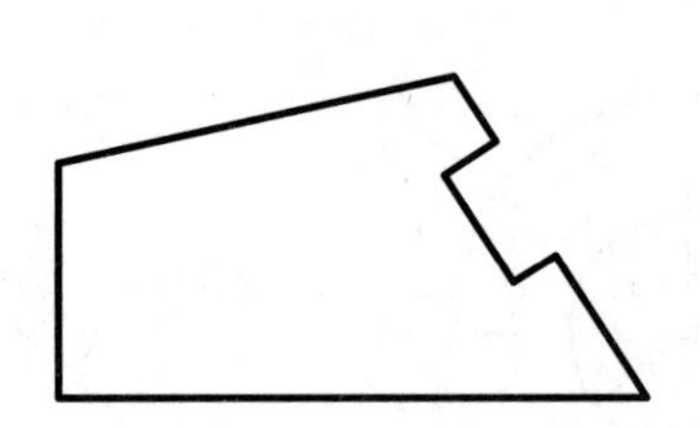

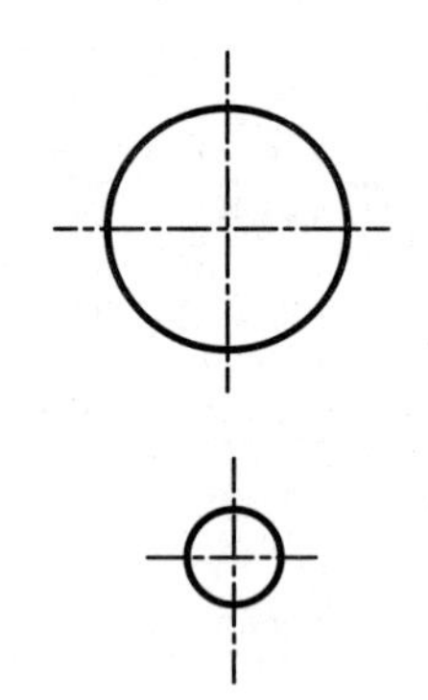

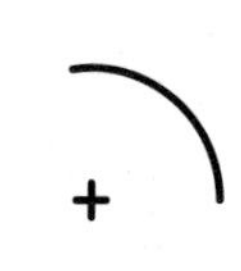

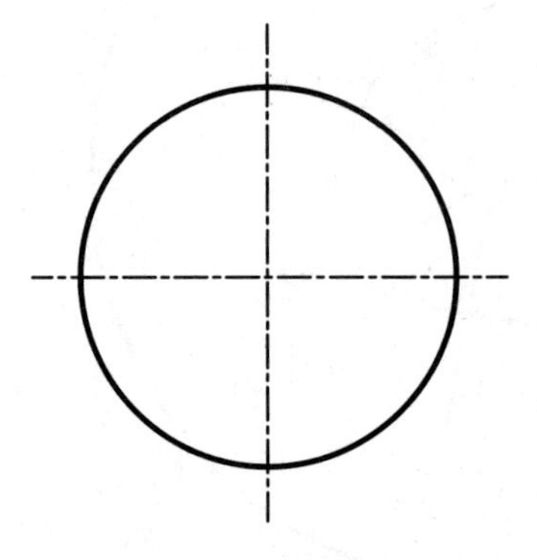

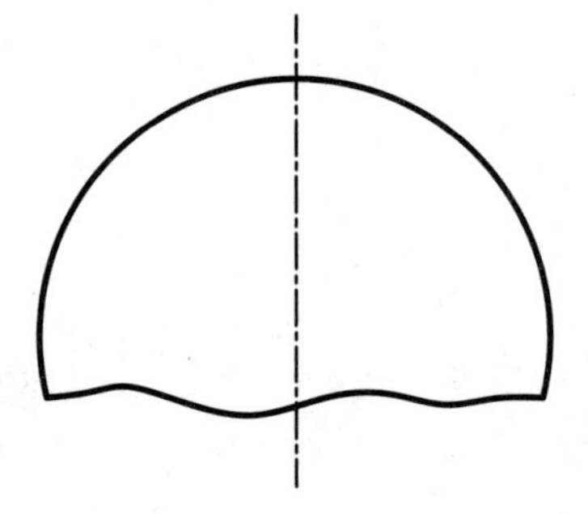

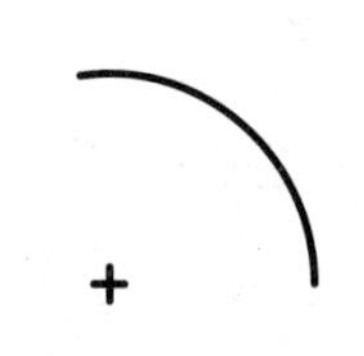

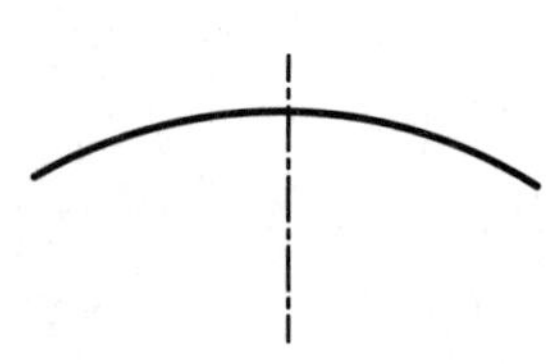

班级		姓名		学号		审阅	

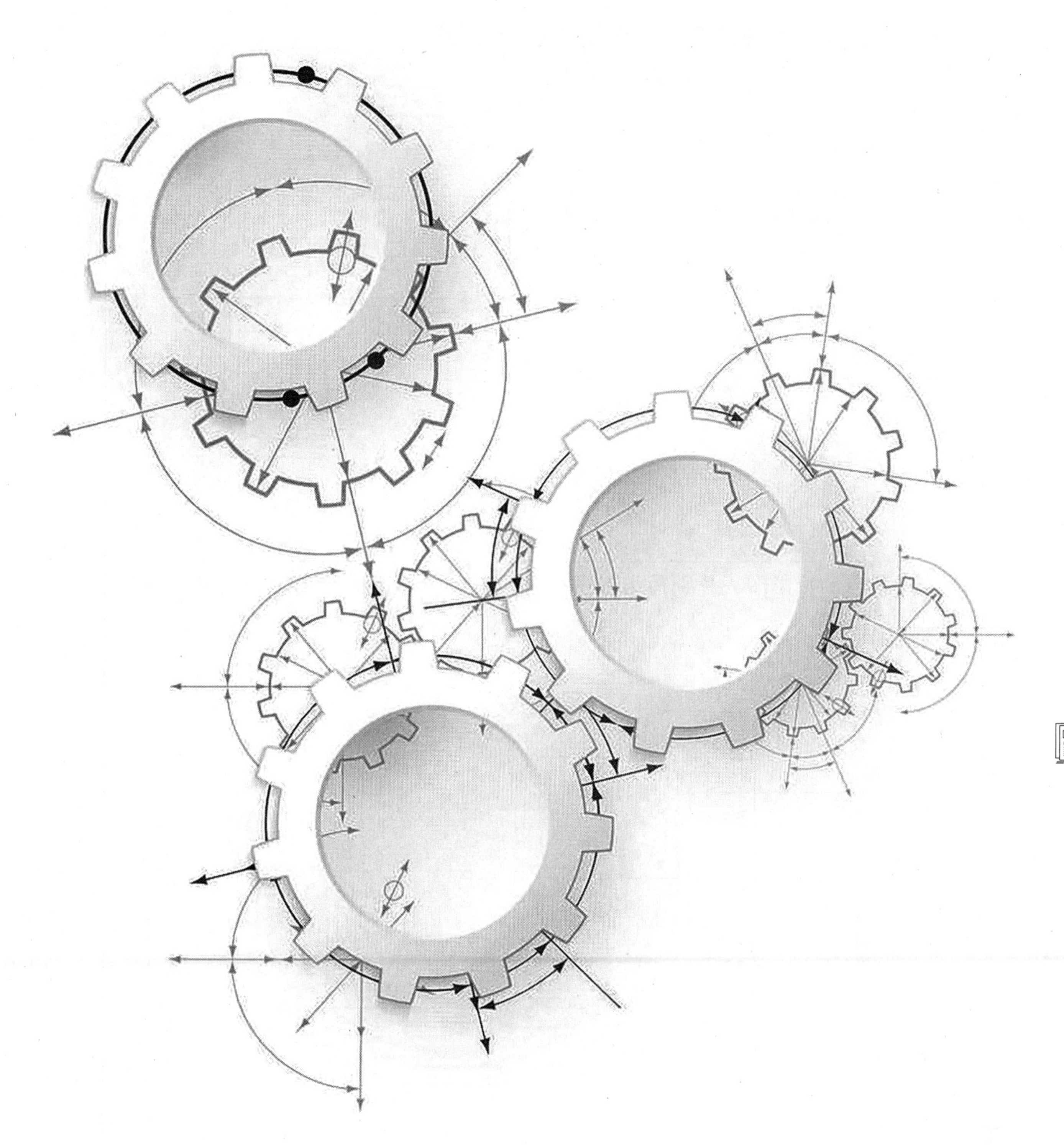

第 2 章　正投影基础

章节链接：

常用的投影法有中心投影法和平行投影法两大类。投射线均通过投射中心的投影方法，称为中心投影法。把中心投影法中的投射中心移至无穷远处，则各投射线就成为相互平行的直线，这种投影法称为平行投影法。平行投影法又可以分为正投影法和斜投影法两种。其中，正投影法是工程制图中广泛应用的投影方法，也称直角投影法。

本章练习对应《工程制图》教材第 2 章重点内容展开。

练习目标：

1. 了解正投影法的基本性质。
2. 熟练掌握点、直线、平面的投影方法。
3. 根据直线与平面的相对位置判断点和线的可见性。

2-1　点的投影

（1）根据点的直观图，作点的三面投影。

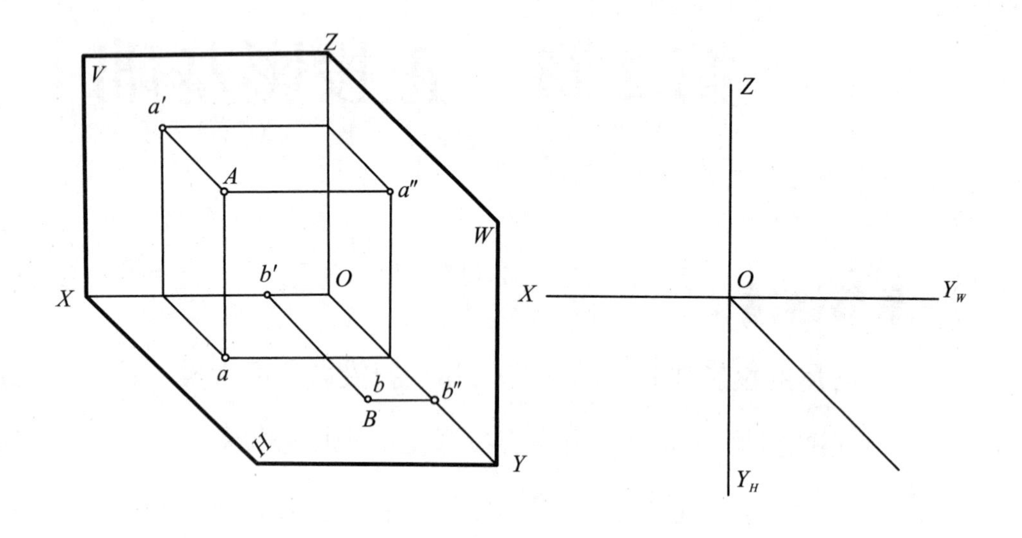

（2）已知各点对投影面的距离，作各点的三面投影。

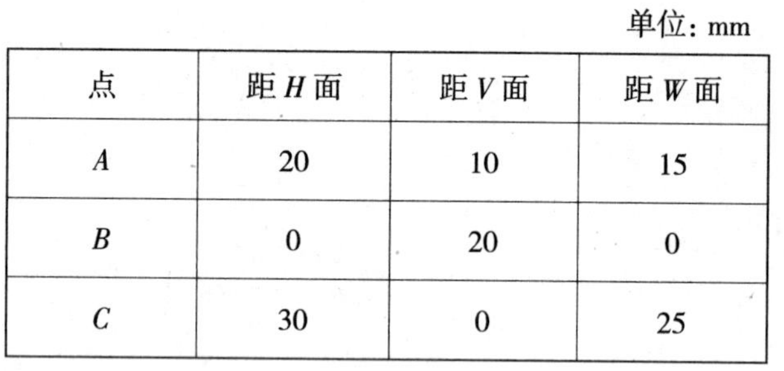

单位：mm

点	距 *H* 面	距 *V* 面	距 *W* 面
A	20	10	15
B	0	20	0
C	30	0	25

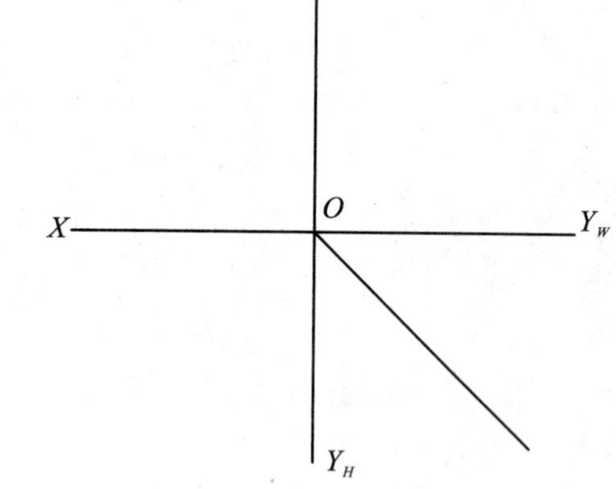

（3）已知点的坐标，作点的三面投影。

A（25，10，20）　*B*（10，20，20）　*C*（20，15，25）　*D*（20，10，15）

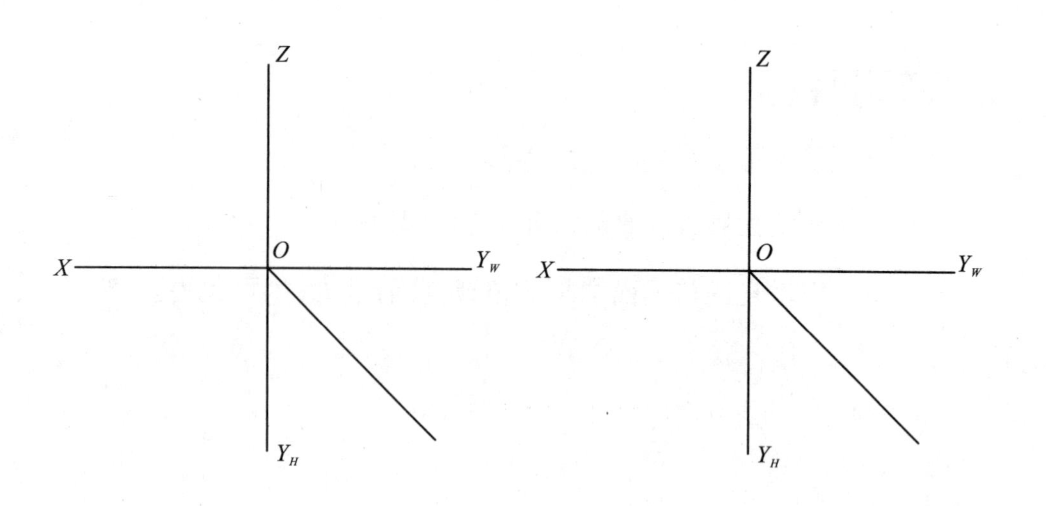

（4）根据点的投影图，分别写出点的坐标及其到投影面的距离（数值从图中量取，取整）。

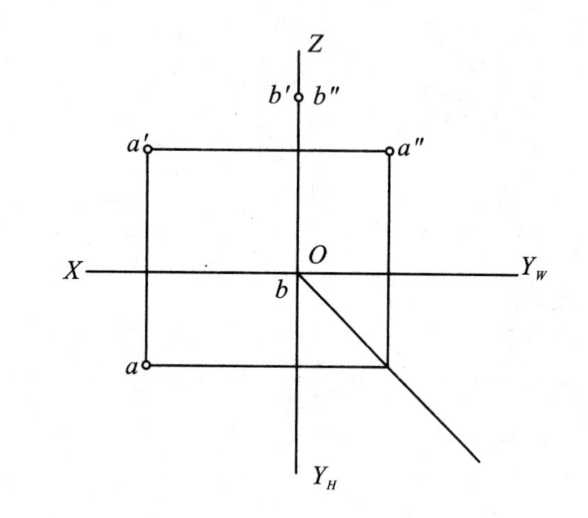

A（　　，　　，　　）

B（　　，　　，　　）

点	距 *H* 面	距 *V* 面	距 *W* 面
A			
B			

班级		姓名		学号		审阅	

2–1　点的投影

（5）已知点的两面投影，求作第三投影。

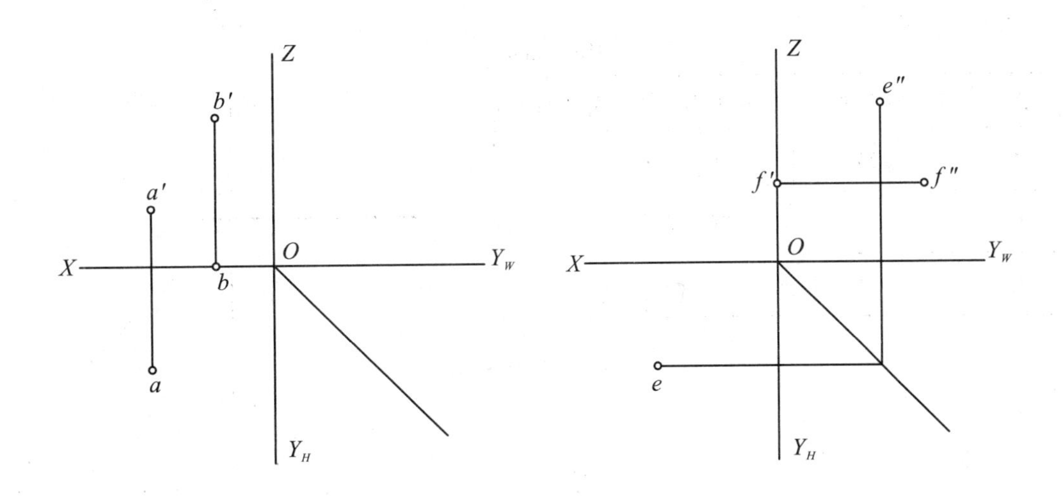

（6）已知点 B 在点 A 之左 20 mm、之前 10 mm、之下 15 mm，作出点 B 的三面投影和直观图。

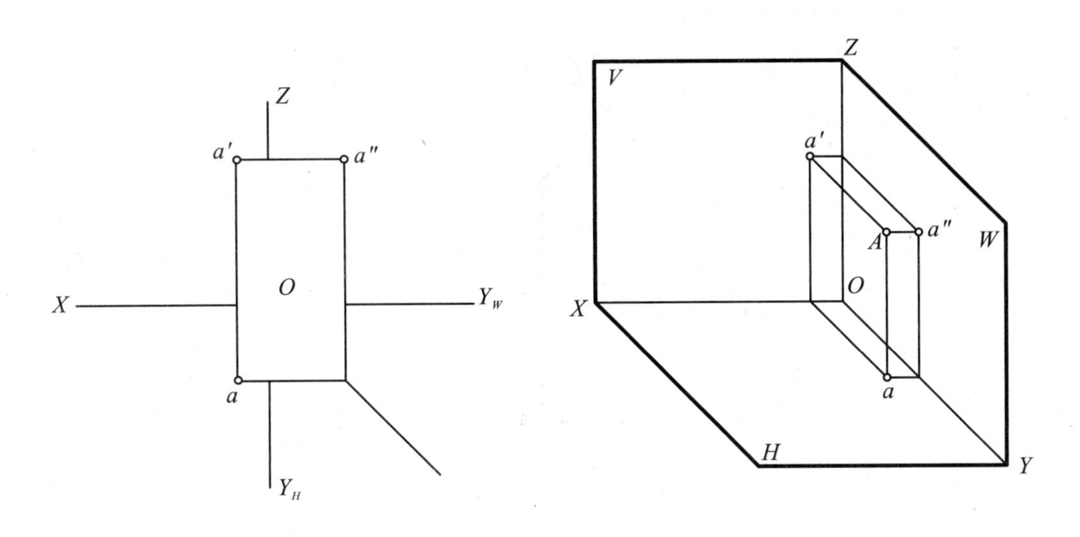

（7）说明点 B 与点 C 两点相对点 A 的位置（指出左右、前后、上下方向）。

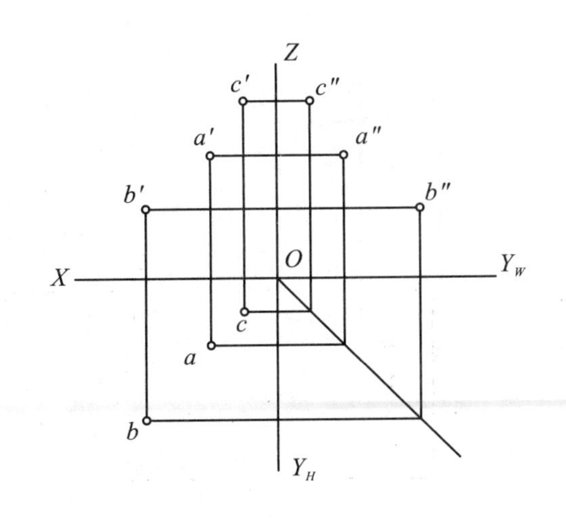

点 B 在点 A 的（　　，　　，　　）

点 C 在点 A 的（　　，　　，　　）

（8）根据直观图作出 A、B、C、D 各点的两面投影。

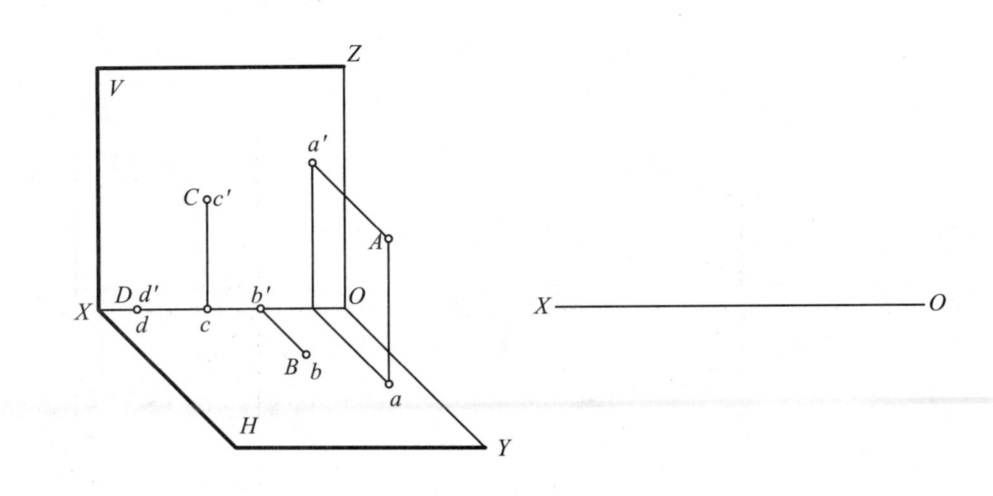

X——O

班级		姓名		学号		审阅	

2-2 直线的投影

（1）已知点 C 是直线 AB 上的点，作出直线及点 C 的三面投影。

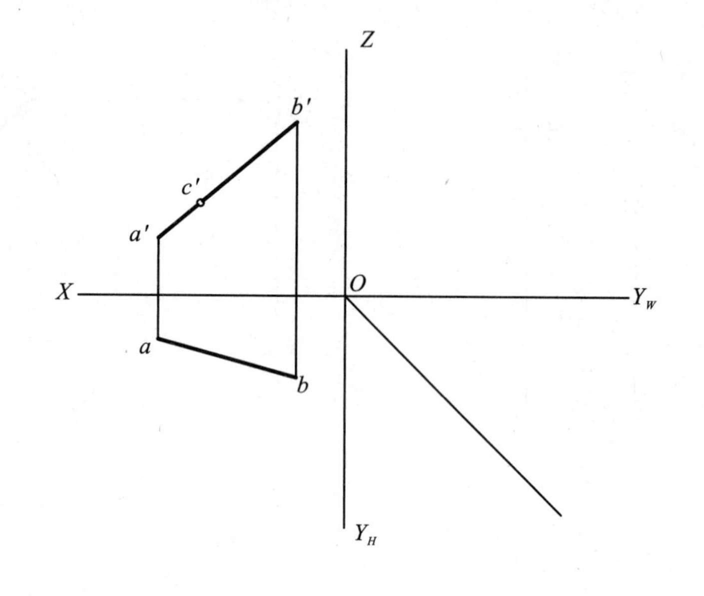

（2）点 C 在直线 AB 上，使 $AC:CB=5:2$，作出点 C 的投影。

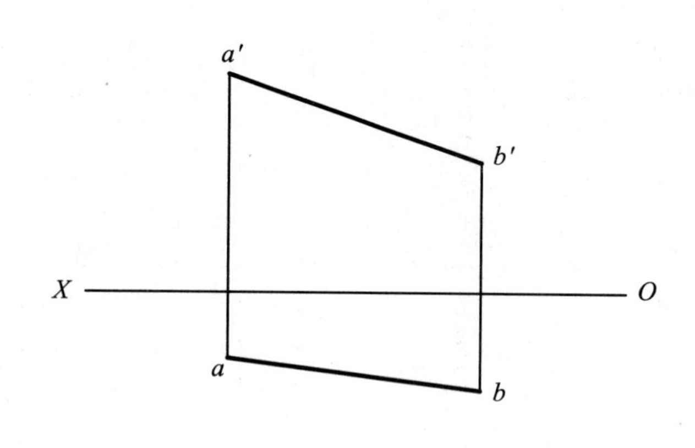

（3）判断下列两直线的相对位置。

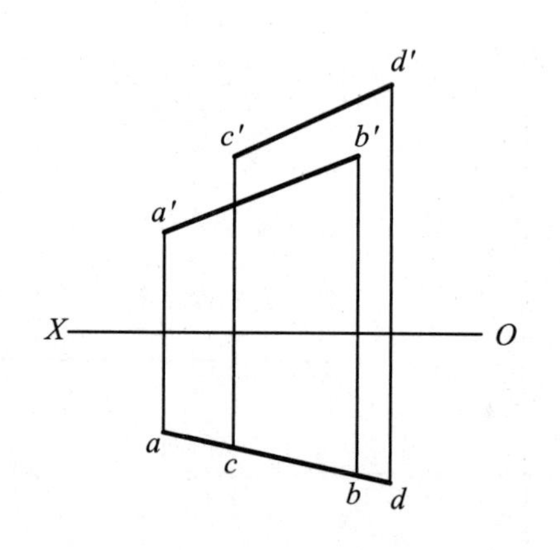

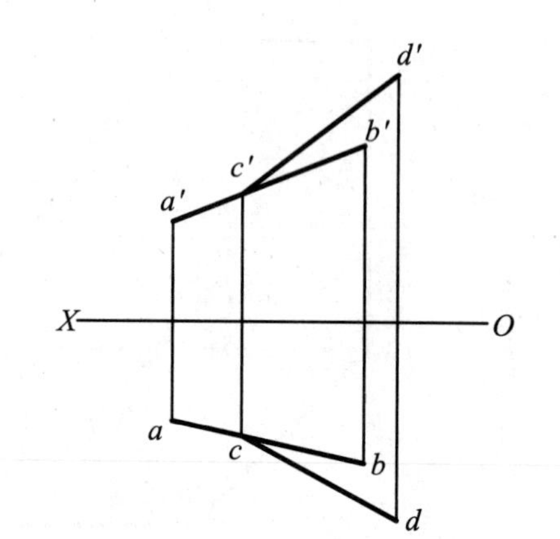

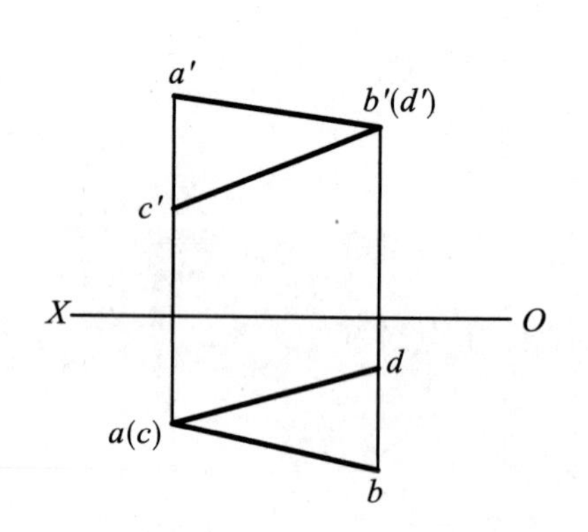

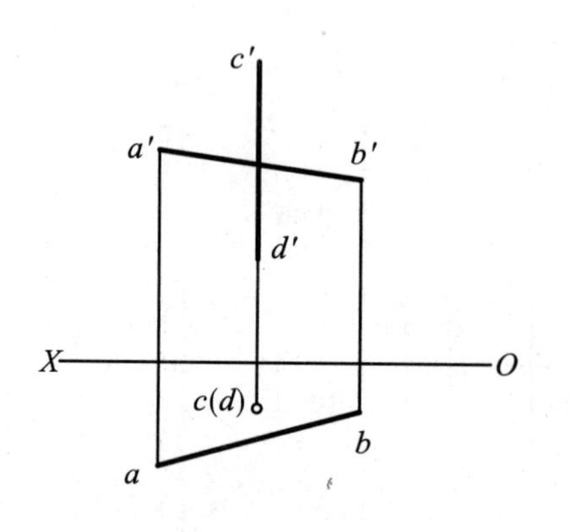

班级		姓名		学号		审阅	

2–2　直线的投影

（4）在直线 AB 上作一点 C，使点 C 到 V 面与 H 面的距离相等，并作出点 C 的三面投影。

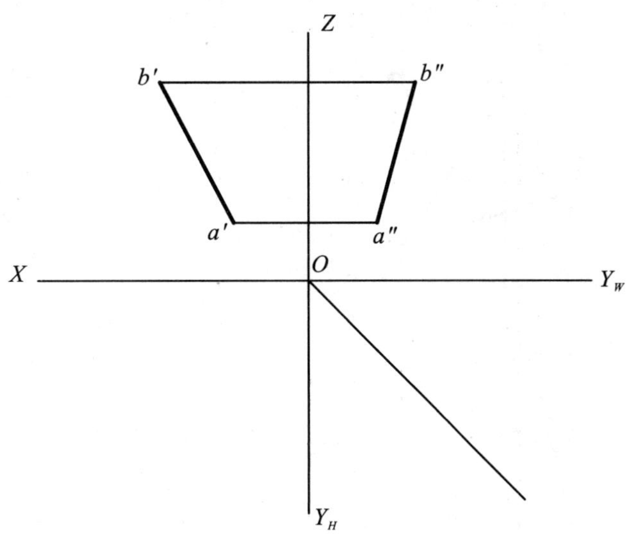

（5）已知线段 $AB=AC$，求作 $a'c'$。

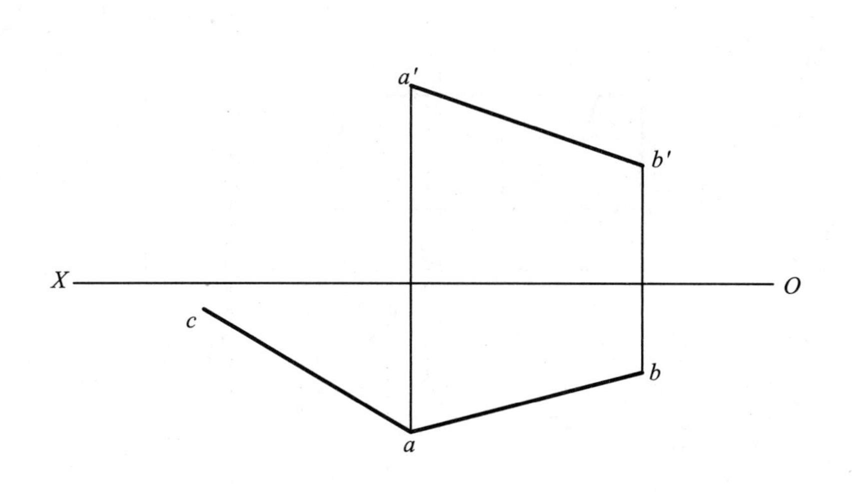

（6）作一水平线，使其与直线 AB 和 CD 相交，并与 H 面相距 15 mm。

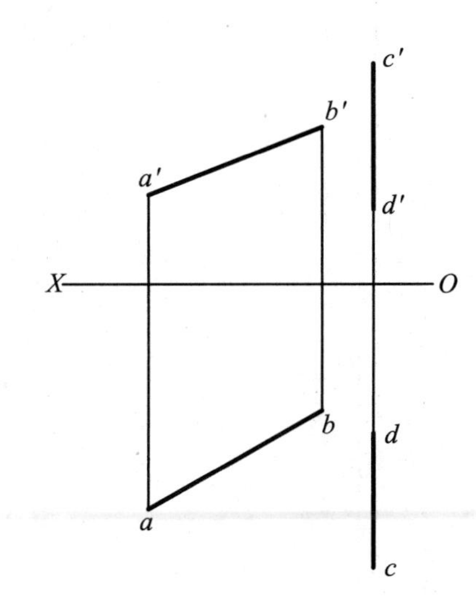

（7）作一直线 MN，使其与已知直线 CD、EF 相交，同时与 AB 平行（点 M 在 CD 上，点 N 在 EF 上）。

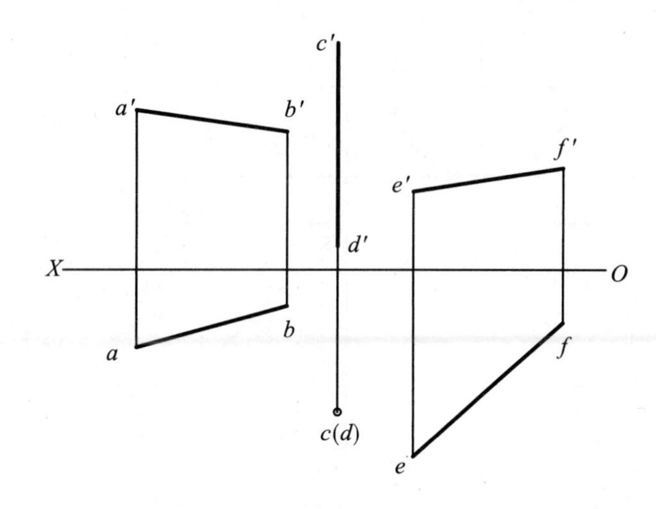

班级		姓名		学号		审阅	

2-3 平面的投影

（1）已知平面的两个投影，求作第三投影。

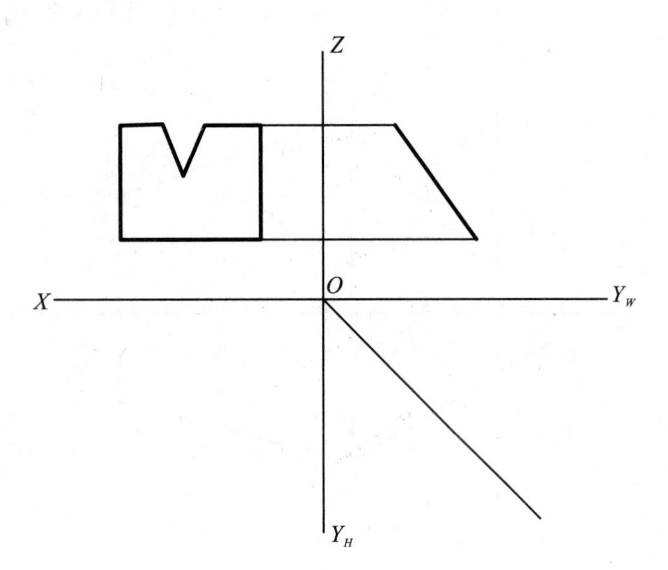

（2）已知平面的两个投影，求作第三投影，及平面上点 K 的另外两个投影。

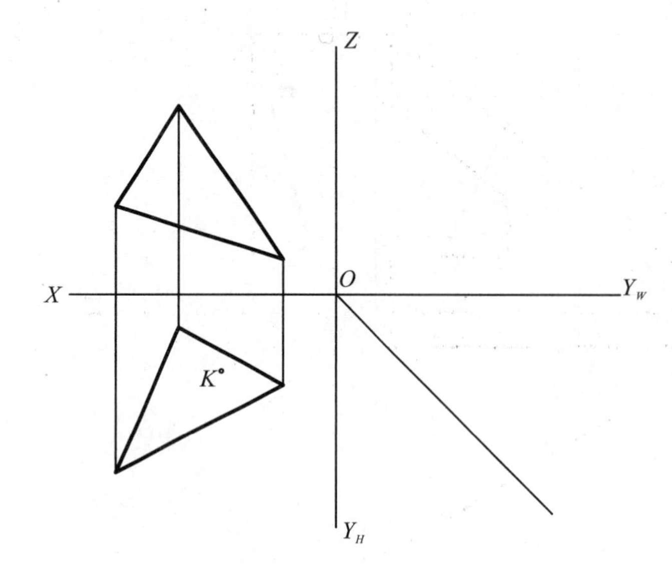

（3）已知平面的两个投影，求作第三投影。

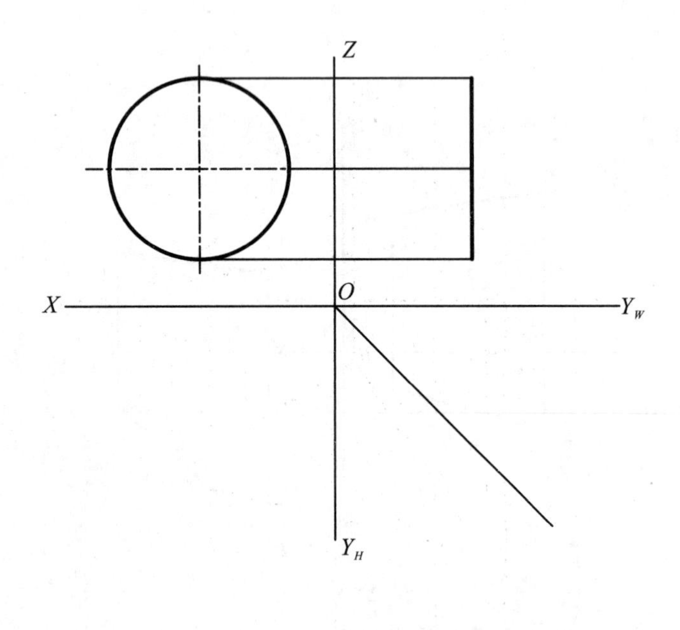

（4）已知平面的两个投影，求作第三投影。

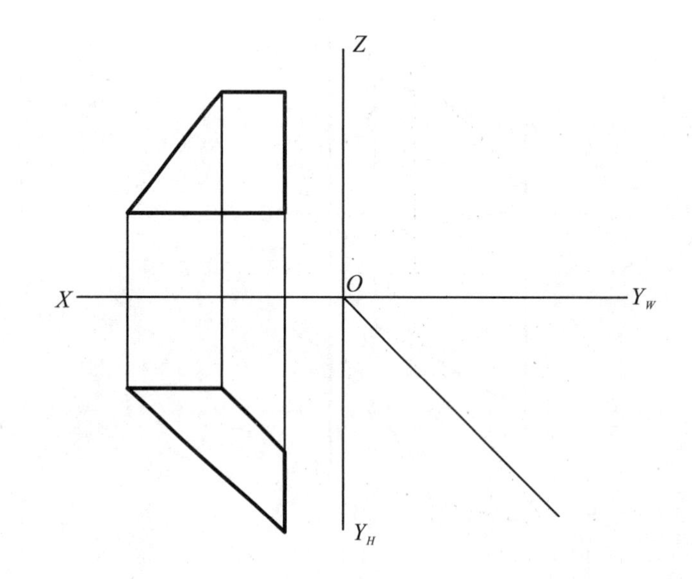

班级		姓名		学号		审阅	

2–3　平面的投影

（5）已知正视图及部分水平投影和侧面投影，请将三视图补充完整。

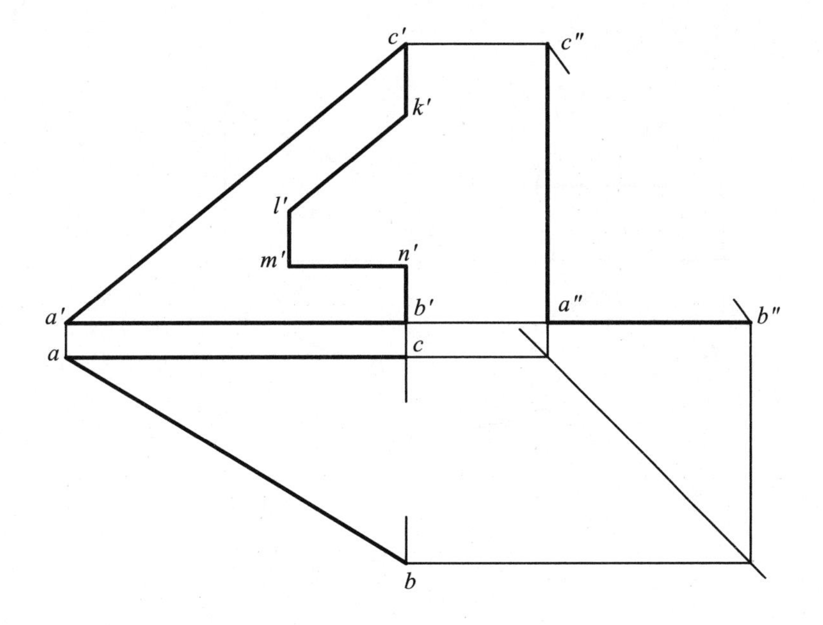

（6）在四边形 *ABCD* 上过点 *M* 作水平线 *MN*，完成两面投影。

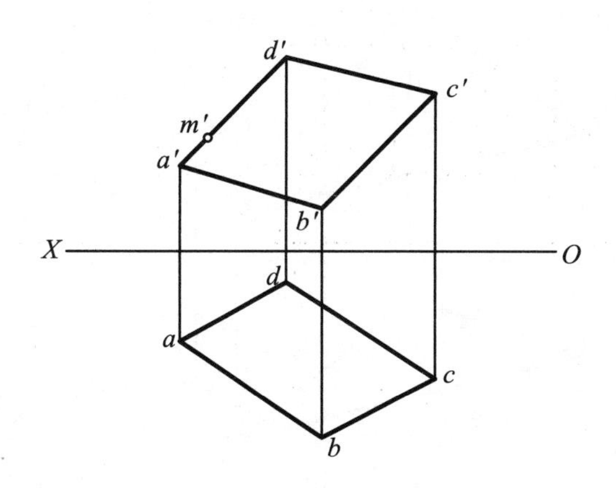

（7）求平面 *ABC* 对 *H* 面的倾角。

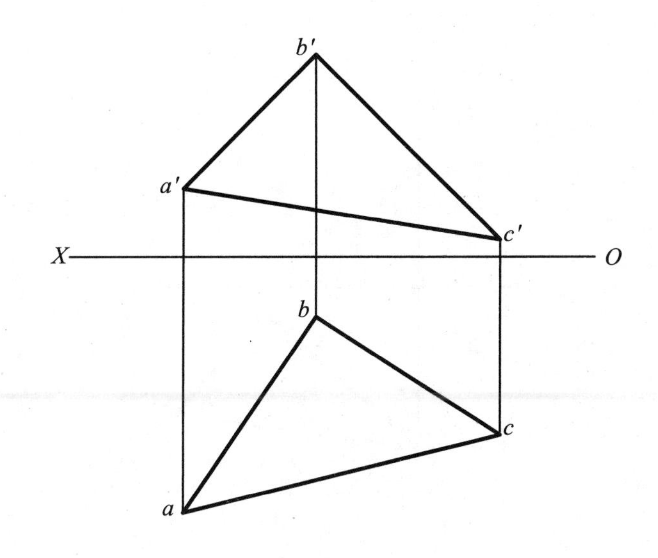

（8）求平面 *ABC* 对 *V* 面的倾角。

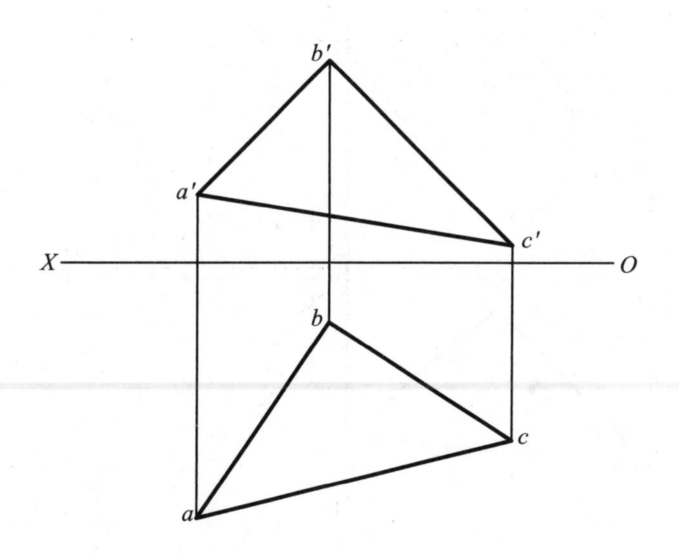

班 级		姓 名		学 号		审 阅	

2-4 直线与平面的相对位置

（1）过点 *E* 作正平线 *EF*，使其平行于平面 *ABC*，*EF*=20 mm。	（2）已知直线 *EF* 平行于平面 *ABC*，求作 *ABC* 的正面投影。
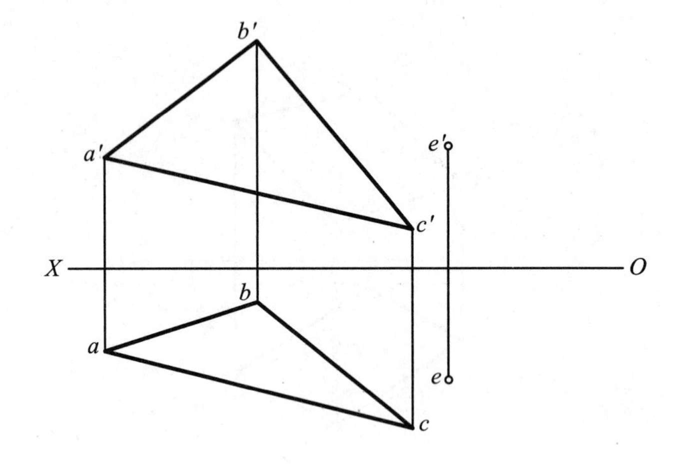	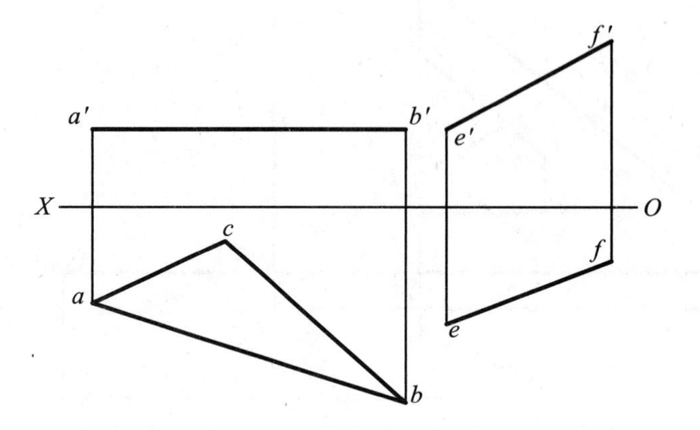
（3）已知平面 *ABC* 平行于直线 *DE*、*FG*，求作 *de*、*fg*。	（4）已知平面 *ABC* 平行于直线 *EF*、*DG*，求作 *ABC* 的正面投影。
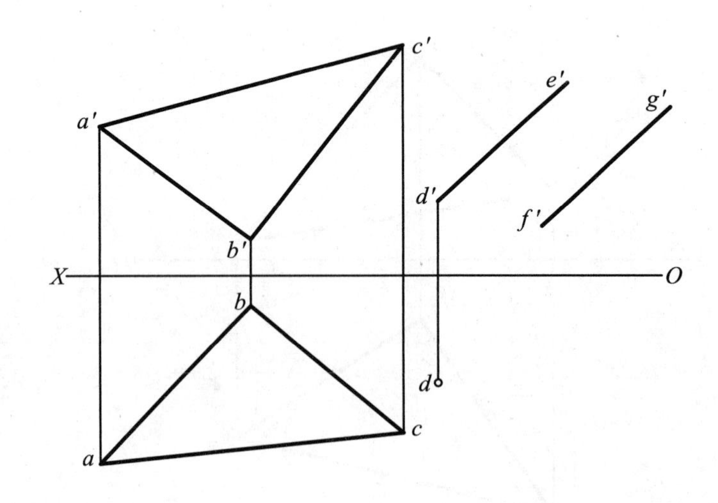	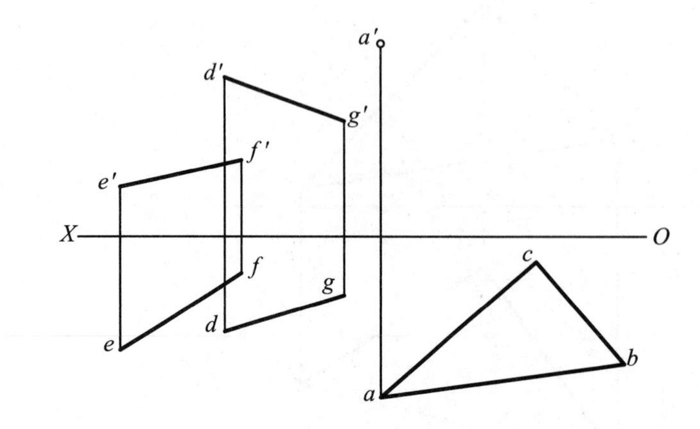

班级		姓名		学号		审阅	

2–4 直线与平面的相对位置

（5）求作直线 *AB* 与平面 *CDE* 的交点，并判断其可见性。

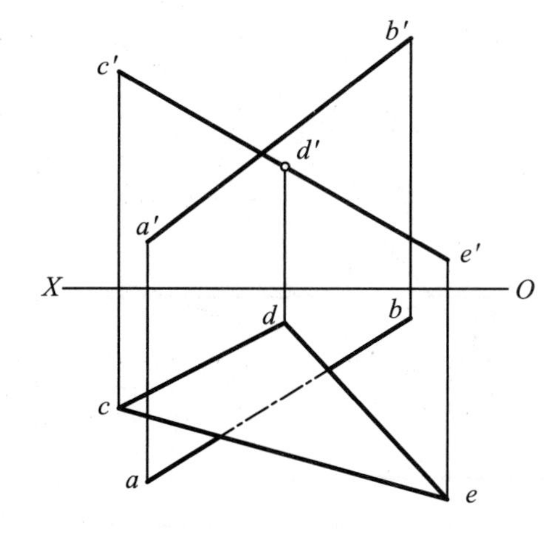

（6）求作直线 *AB* 与平面 *CDE* 的交点，并判断其可见性。

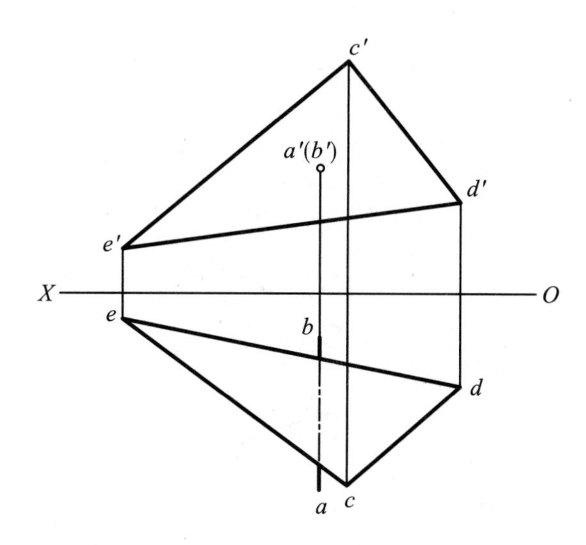

（7）求作直线 *AB* 与平面 *CDE* 的交点，并判断其可见性。

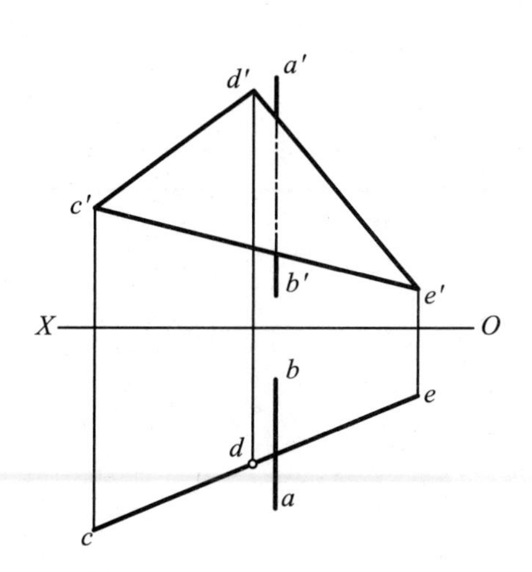

（8）求作直线 *AB* 与平面 *CDE* 的交点，并判断其可见性。

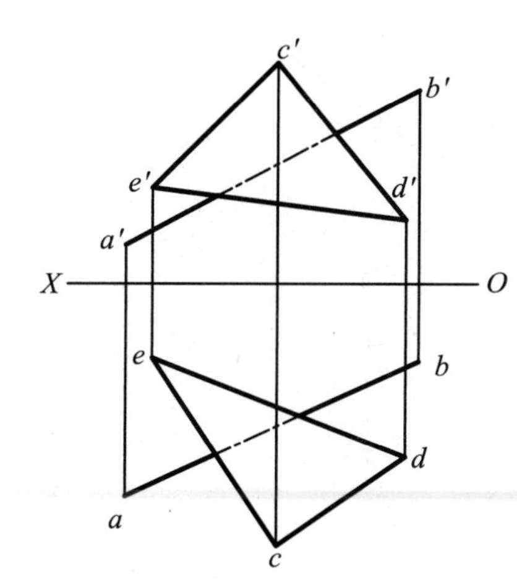

班级		姓名		学号		审阅	

2–4　直线与平面的相对位置

（9）求作两平面的交线，并判断其可见性。

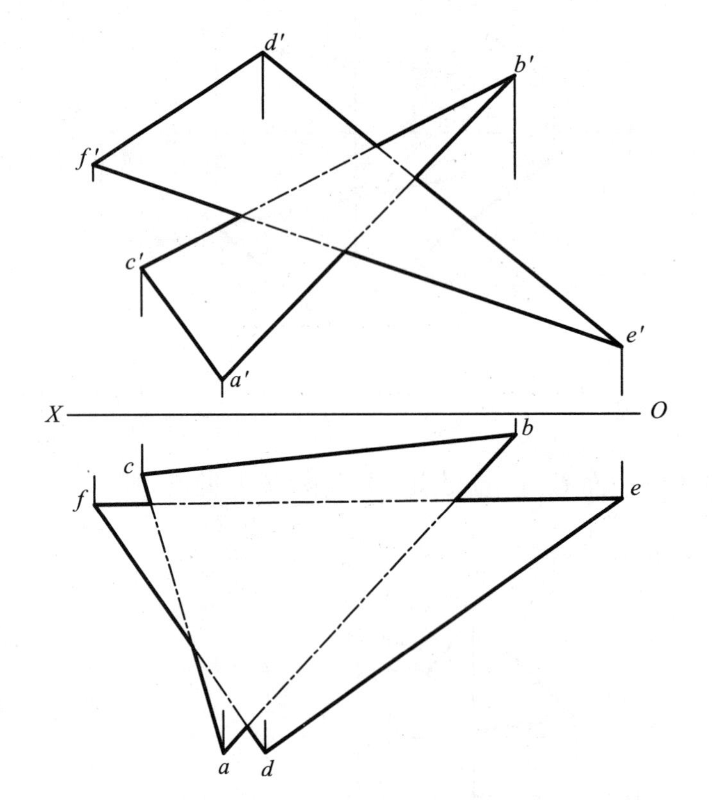

（10）求作两平面的交线，并判断其可见性。

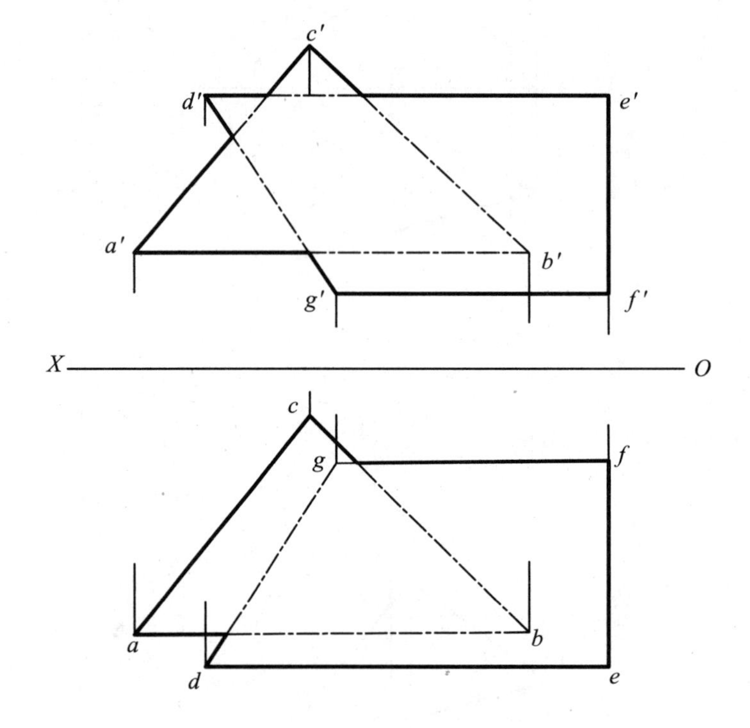

班级		姓名		学号		审阅	

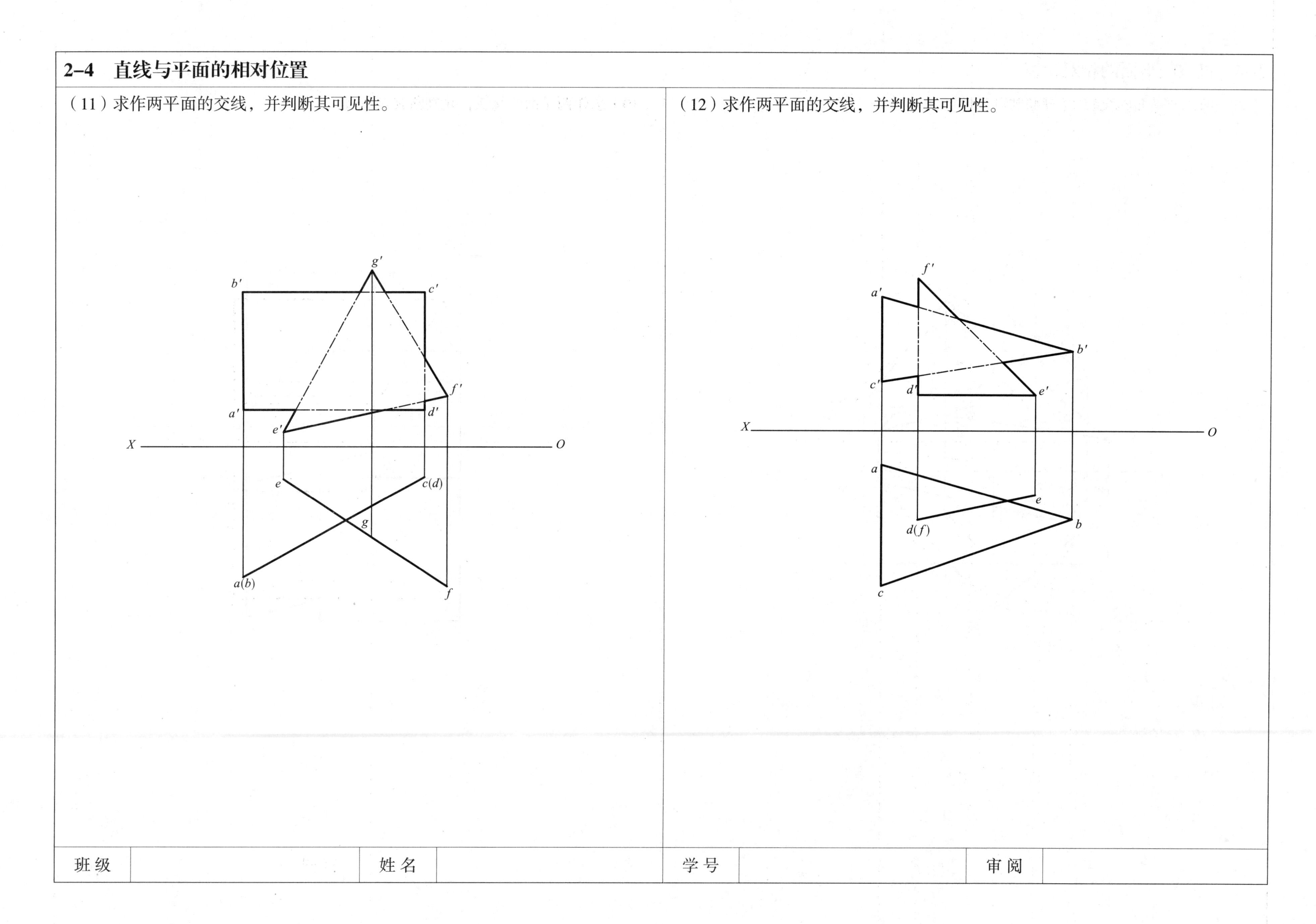
2-4 直线与平面的相对位置
（11）求作两平面的交线，并判断其可见性。
（12）求作两平面的交线，并判断其可见性。
g'
b'
c'
f'
a'
d'
e'
X
O
e
c(d)
g
a(b)
f
f'
a'
b'
c'
d'
e'
X
O
a
e
d(f)
b
c
班 级
姓 名
学 号
审 阅

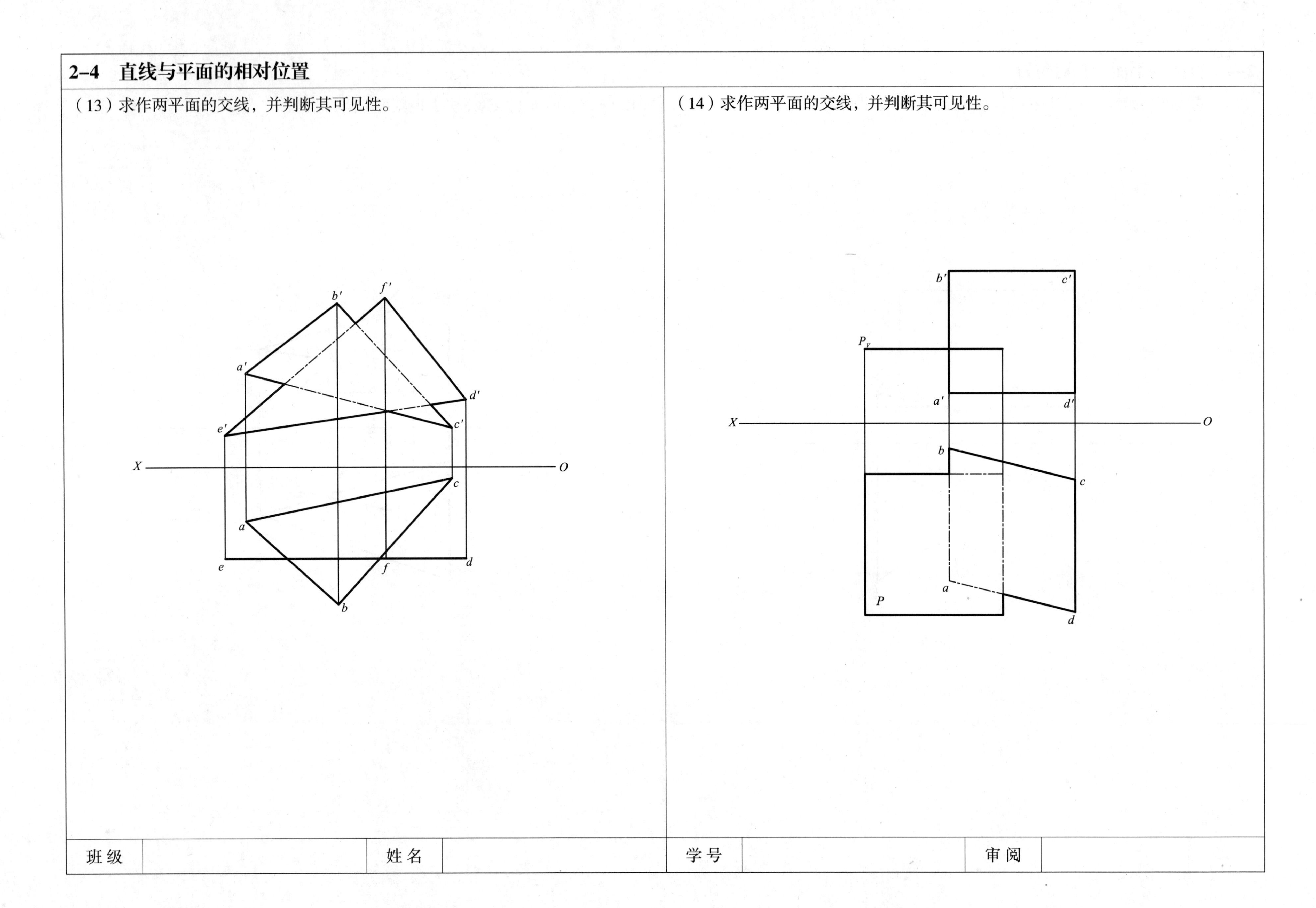
2–4 直线与平面的相对位置
（13）求作两平面的交线，并判断其可见性。
b′
f′
a′
d′
e′
c′
X
O
c
a
e
f
d
b
（14）求作两平面的交线，并判断其可见性。
b′
c′
P_V
a′
d′
X
O
b
c
a
P
d
班级
姓名
学号
审阅

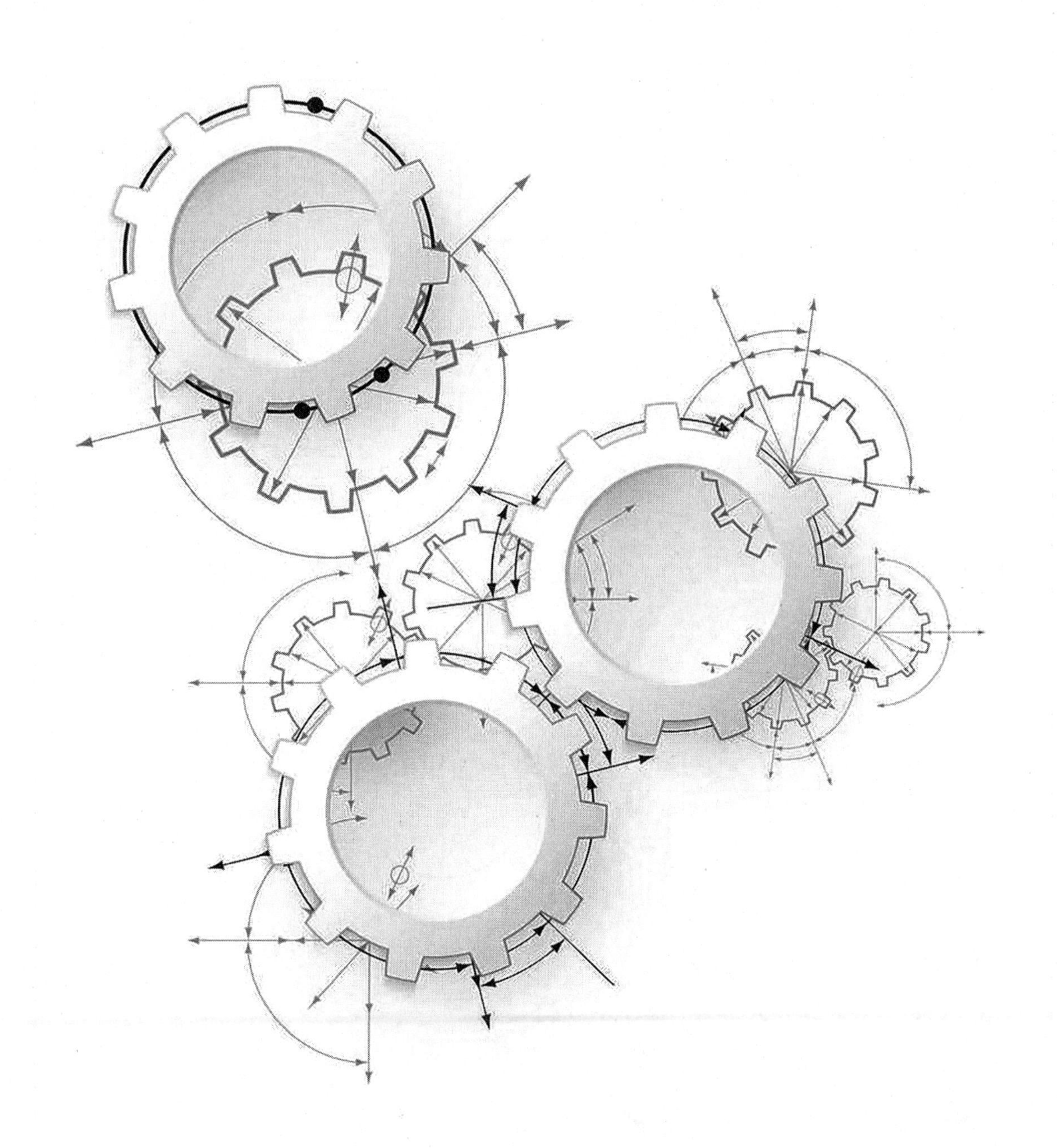

第 3 章　基本立体及其表面交线的投影

章节链接：

基本立体可分为平面立体与回转体。表面均为平面多边形的立体称为平面立体，常见的有棱柱、棱锥、棱台等。由回转面与平面或完全由回转面围成的立体称为回转体，常见的有圆柱、圆锥、圆球和圆环等。

平面与立体相交，可设想为立体被无限大的平面所截切，从而形成不完整的立体——截切体。截平面与立体表面的交线称为截交线。两立体相交而成的物体称为相贯体，其表面形成的交线即为相贯线。相贯线的形状取决于相交两立体的形状、大小及相对位置。

本章练习对应《工程制图》教材第 3 章重点内容展开。

练习目标：

1. 熟练掌握基本立体表面上点的投影方法。
2. 掌握截切体、相关体三视图的作法。

3-1　基本立体三视图

（1）已知一个四面体及 *A*、*B*、*C* 三点分别在不同视图上的投影，根据制图理论，补全各点在其他视图上的投影。

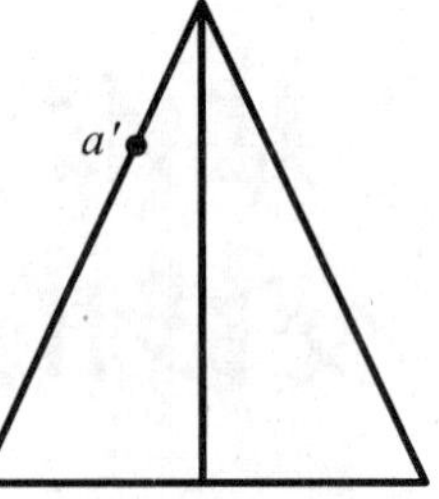

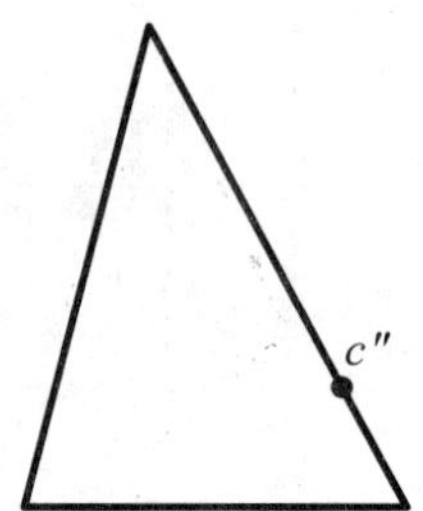

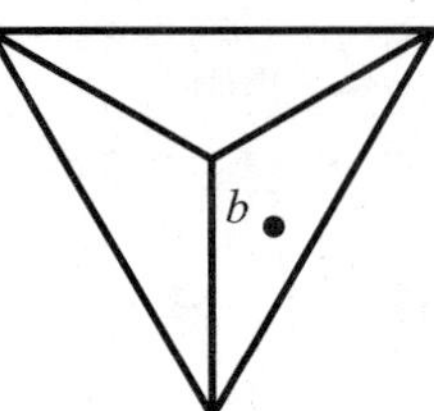

（2）已知一个四面体及 *A*、*B*、*C* 三点分别在不同视图上的投影，根据制图理论，补全各点在其他视图上的投影。

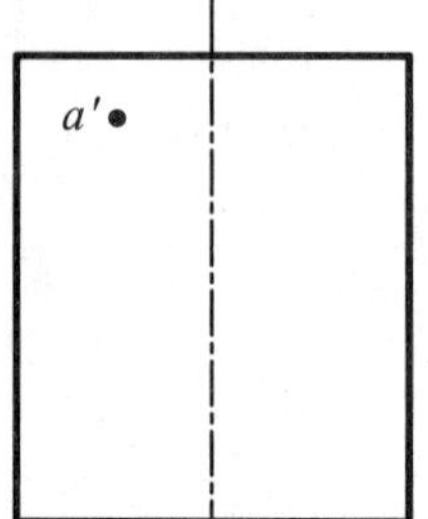

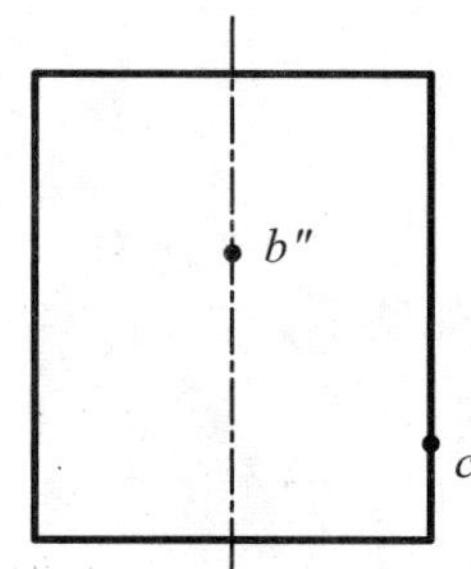

（3）已知一个四面体及 *A*、*B*、*C* 三点分别在不同视图上的投影，根据制图理论，补全各点在其他视图上的投影。

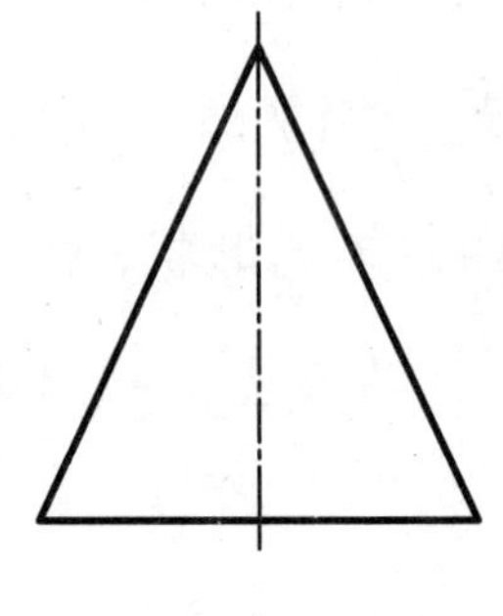
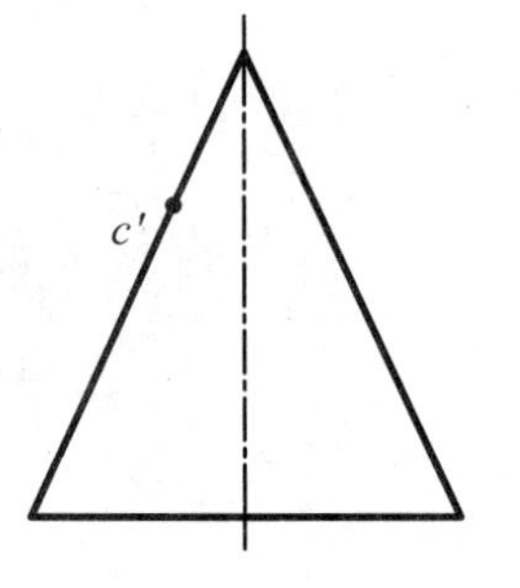

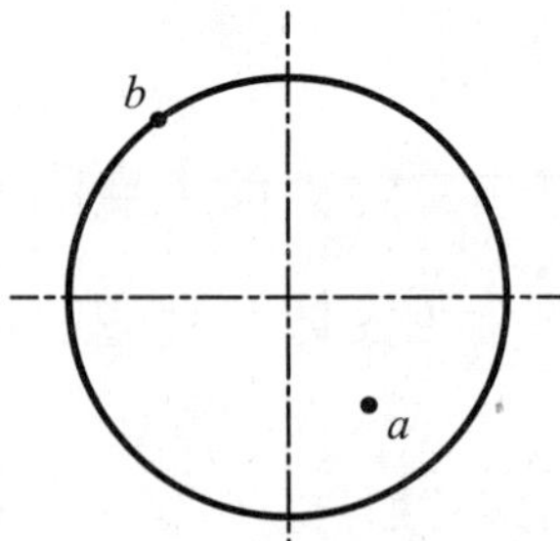

（4）已知一个四面体及 *A*、*B*、*C* 三点分别在不同视图上的投影，根据制图理论，补全各点在其他视图上的投影。

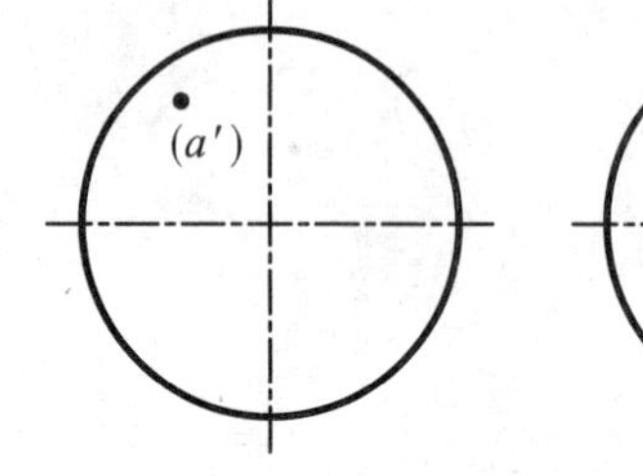

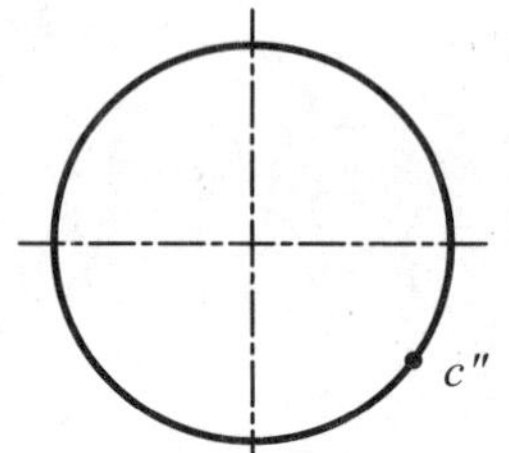

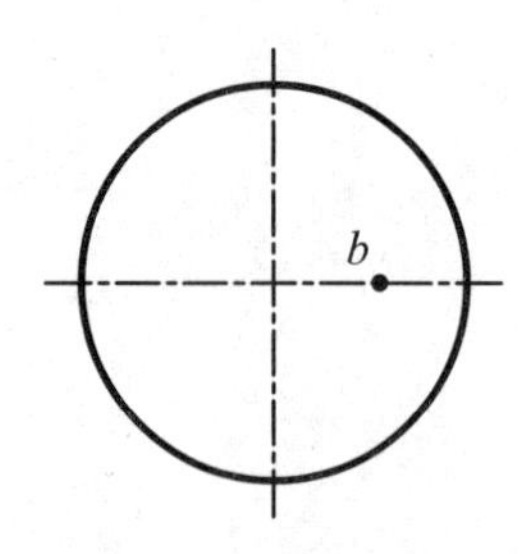

班级		姓名		学号		审阅	

3–2 截交线

（1）根据右下角所示截切后四棱柱的两面投影，求作其侧面投影。

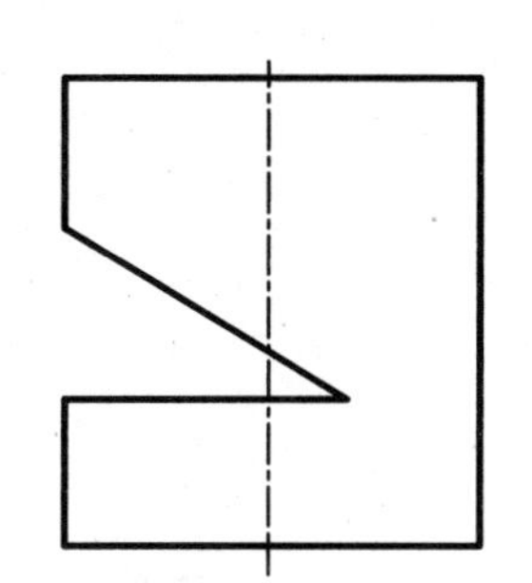

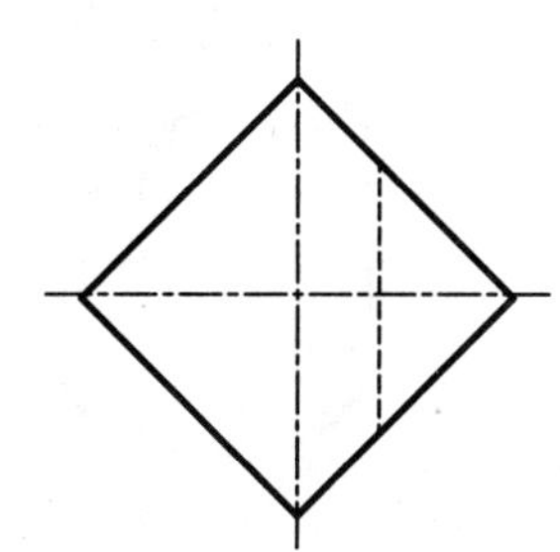

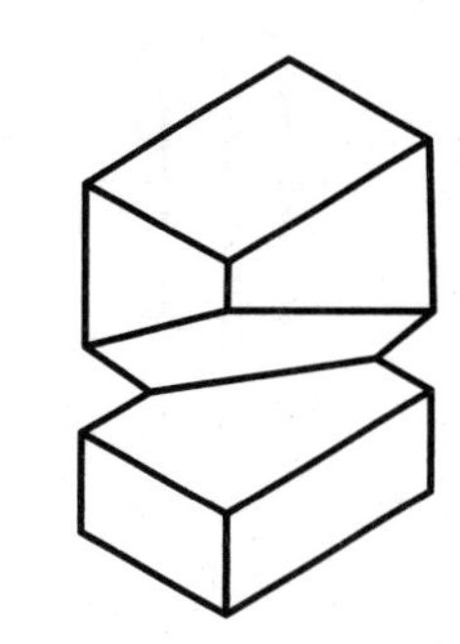

（2）根据图中已给轴测图与主视图，求作截切后三棱锥的侧面投影，补全水平投影。

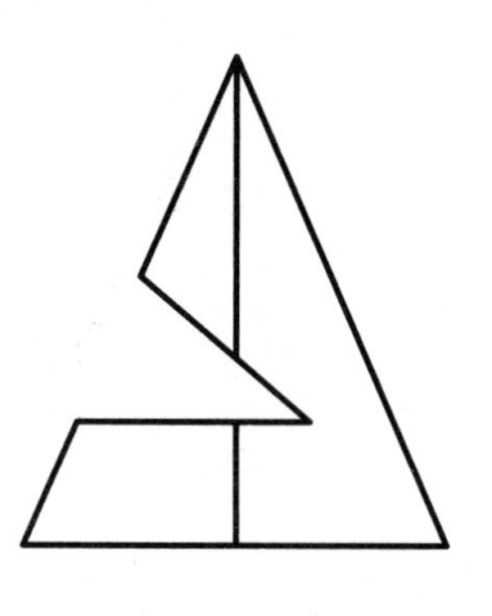

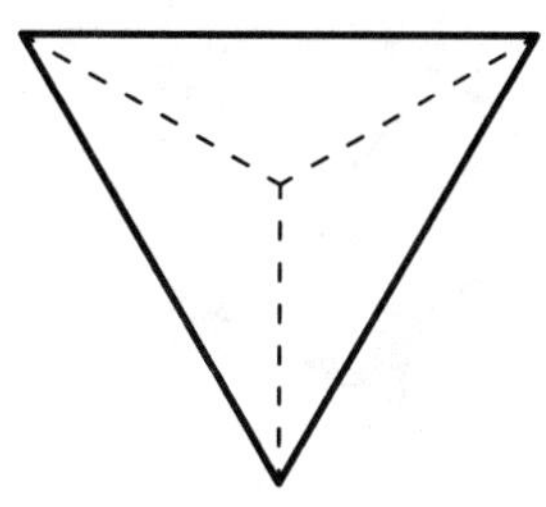

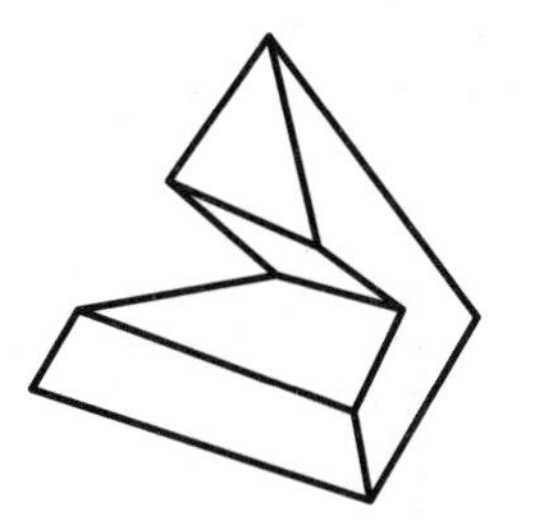

（3）根据图中已给轴测图与主、俯视图，求作立体的侧面投影。

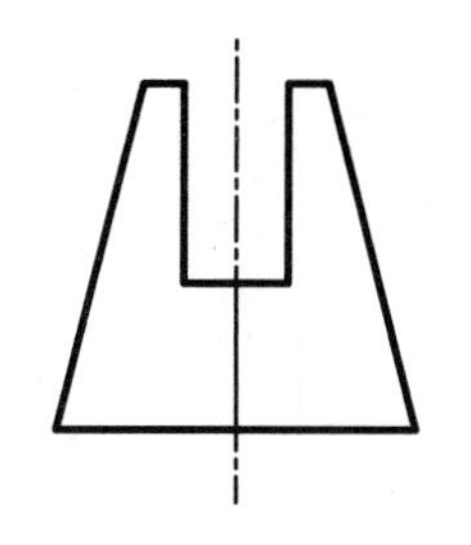

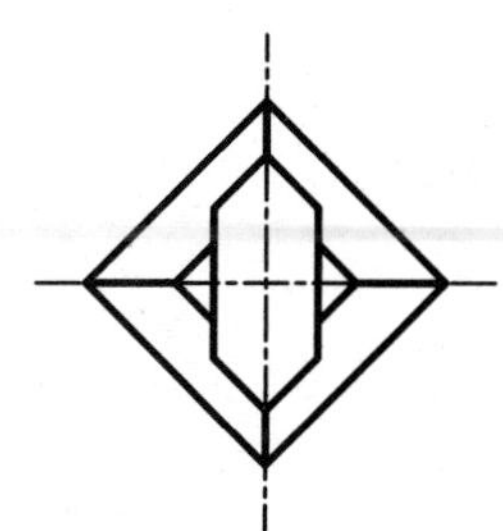

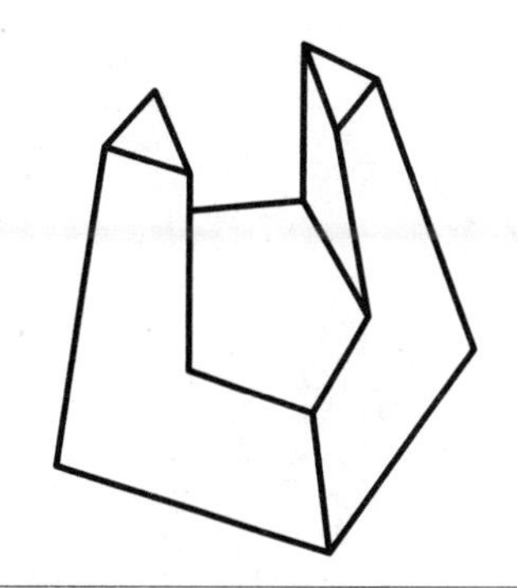

（4）根据图中已给轴测图及三视图间的关系，对不完整的三视图进行补全。

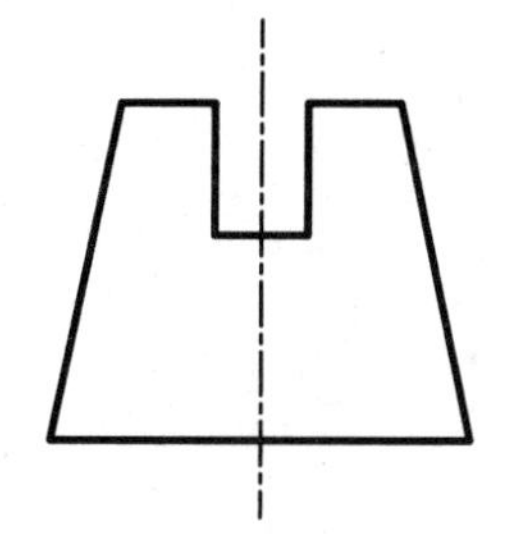

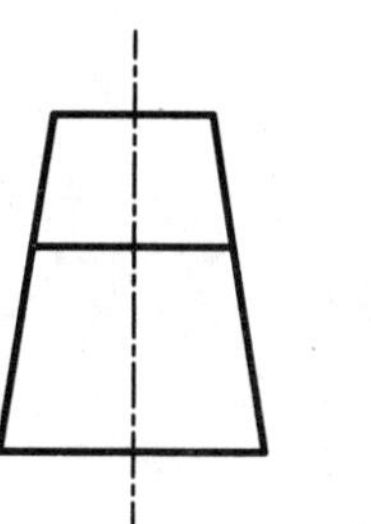

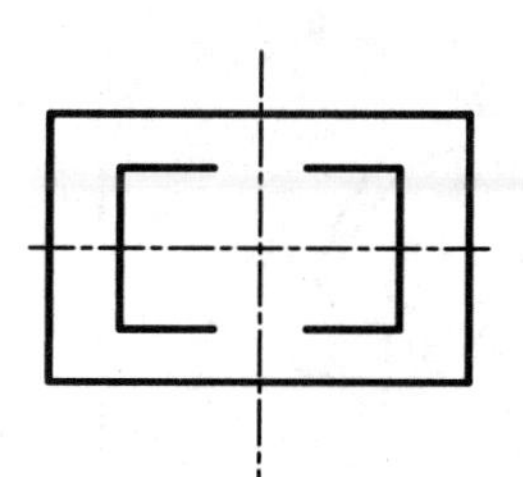

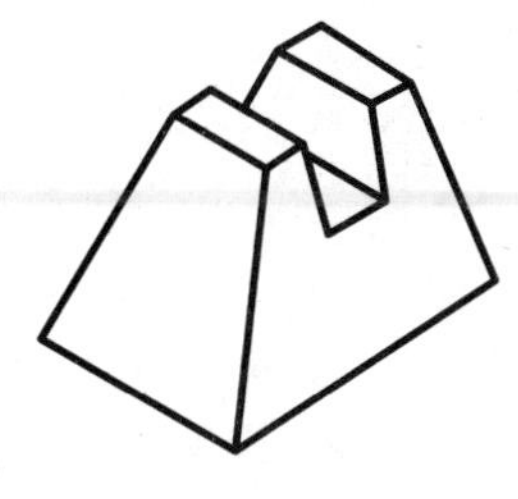

班级		姓名		学号		审阅	

3-2 截交线

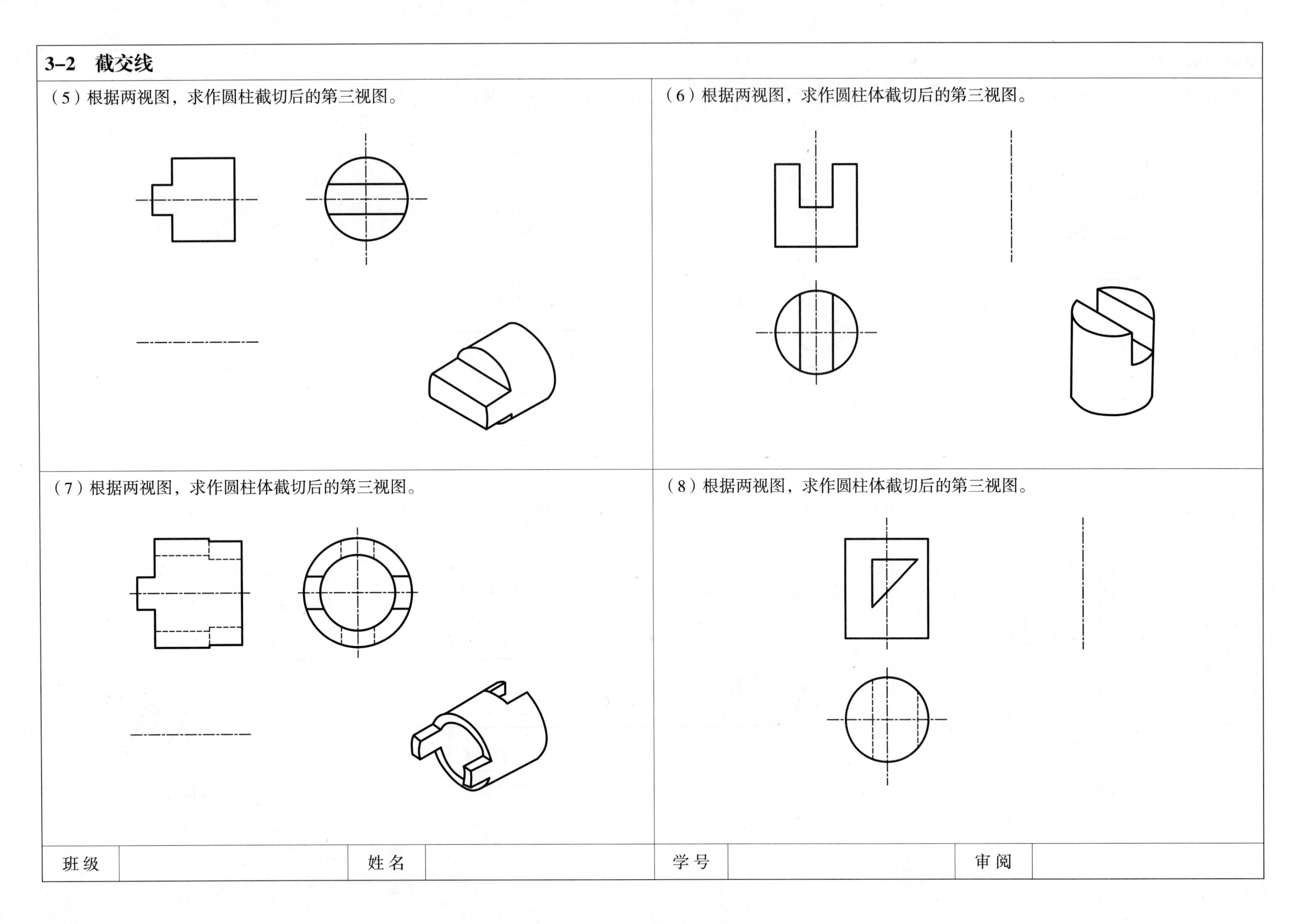

（5）根据两视图，求作圆柱截切后的第三视图。

（6）根据两视图，求作圆柱体截切后的第三视图。

（7）根据两视图，求作圆柱体截切后的第三视图。

（8）根据两视图，求作圆柱体截切后的第三视图。

班级		姓名		学号		审阅	

3–2　截交线

（9）根据已给视图，作圆锥的截交线，完成其水平投影和侧面投影。

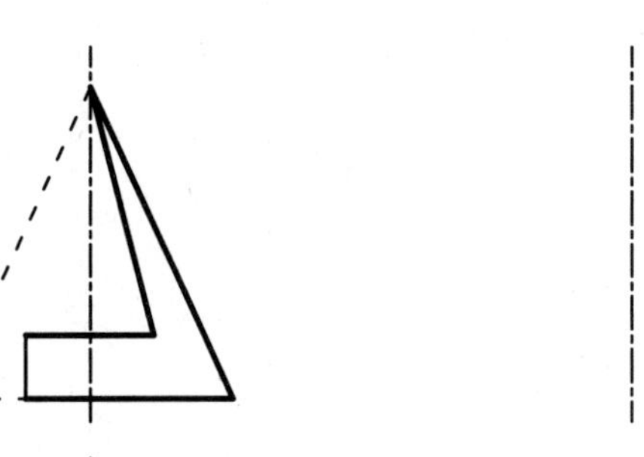

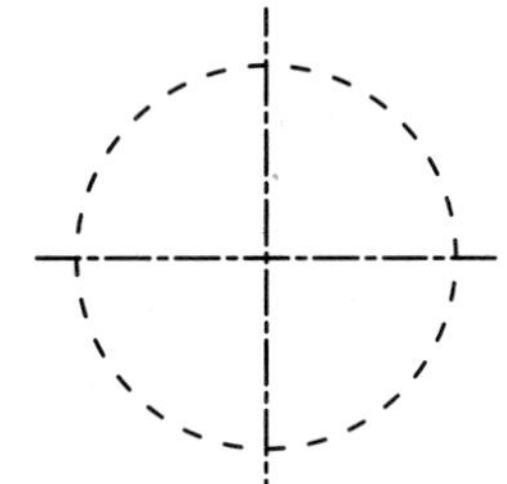

（10）根据已给视图，作圆锥的截交线，完成其侧面投影。

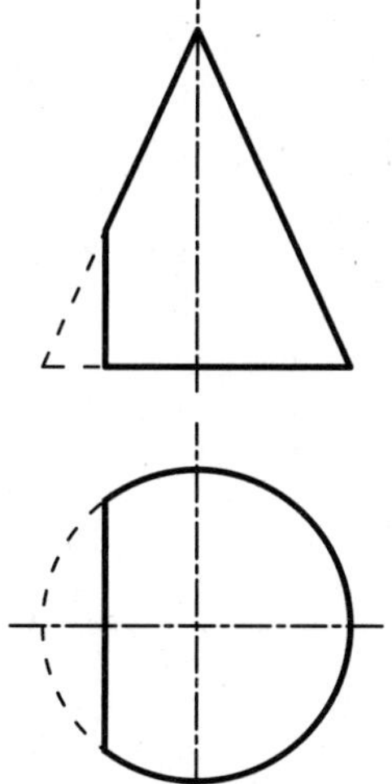

（11）根据已给视图，作圆锥的截交线，完成其水平投影和侧面投影。

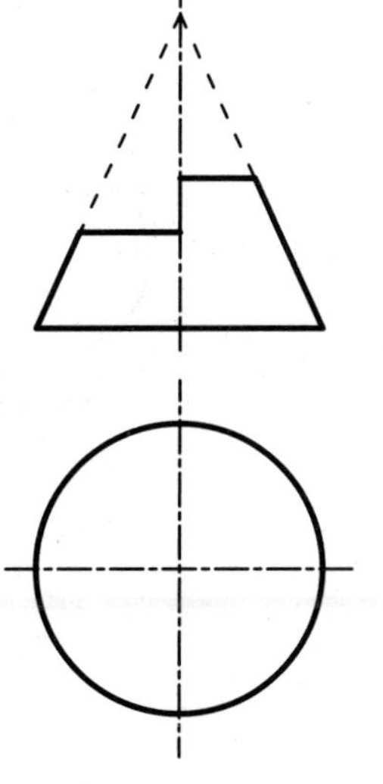

（12）根据已给视图，作圆锥的截交线，完成其水平投影和侧面投影。

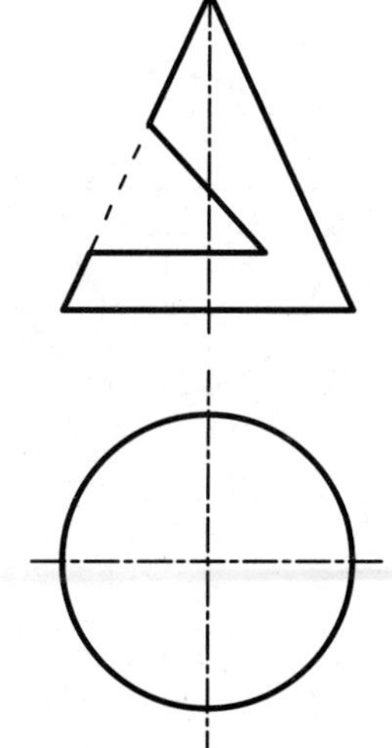

班级		姓名		学号		审阅	

3–2 截交线

（13）求作圆球的截交线，完成其水平投影和侧面投影。

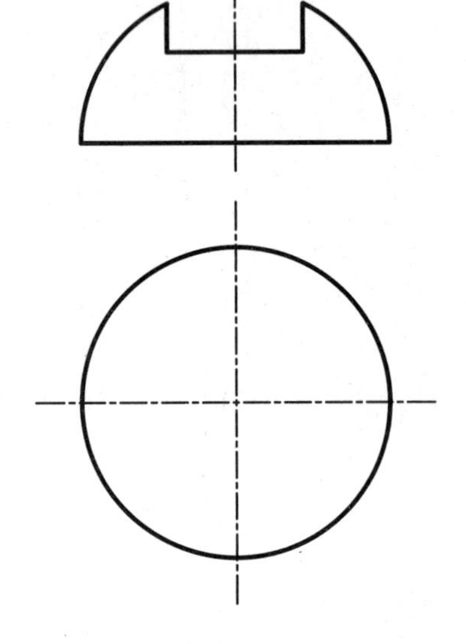

（14）求作圆球穿孔后的截交线，完成其水平投影和侧面投影。

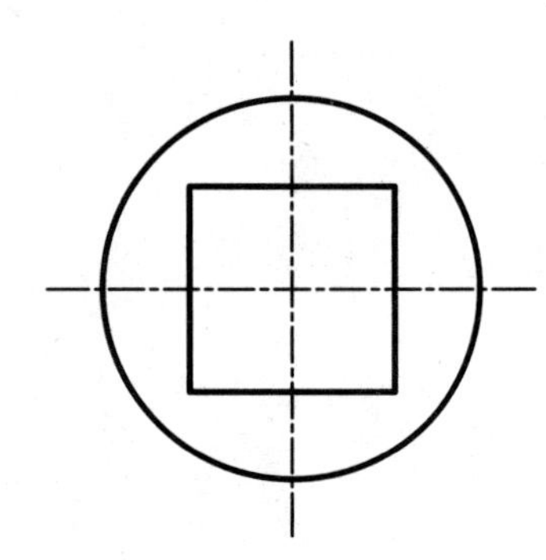

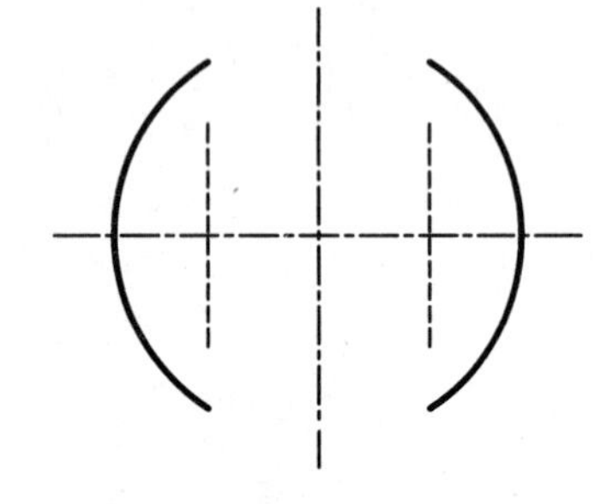

（15）根据已知的两视图，补画第三视图。

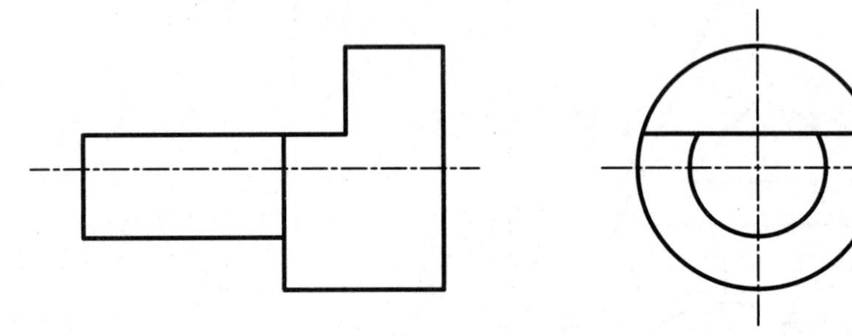

（16）根据已知的两视图，补画第三视图。

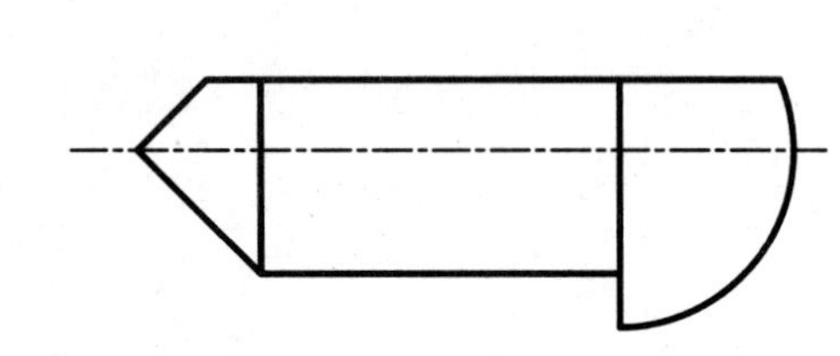

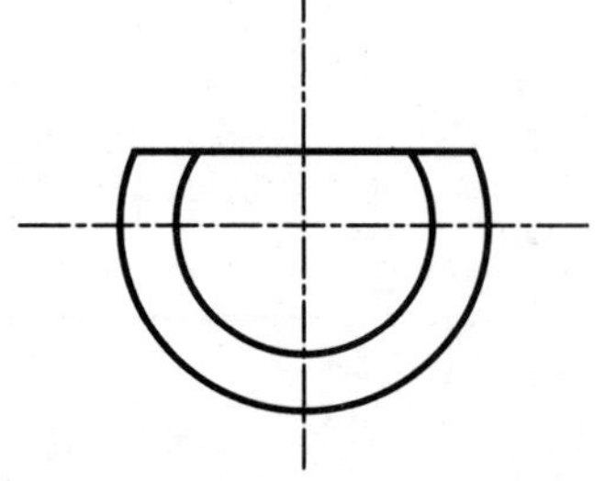

班 级		姓 名		学 号		审 阅	

3–3 相贯线

（1）根据相贯线的已知投影，补画第三视图。

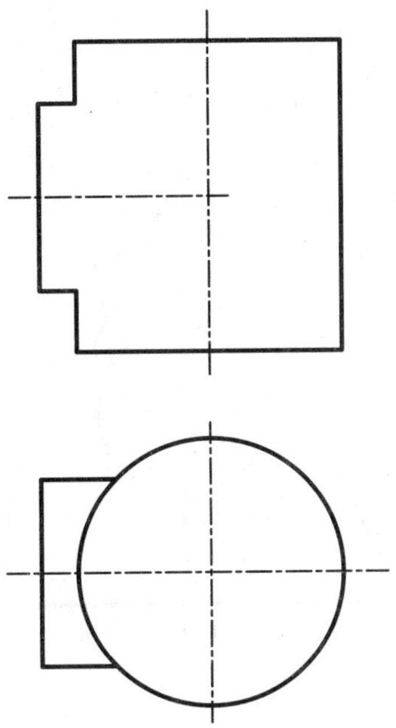

（2）根据相贯线的已知投影，补画第三视图。

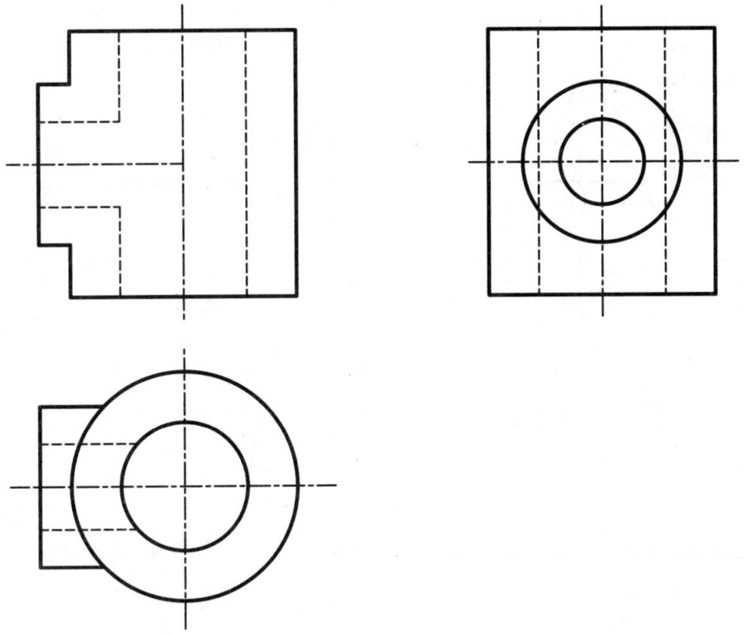

（3）根据相贯线的已知投影，补画第三视图。

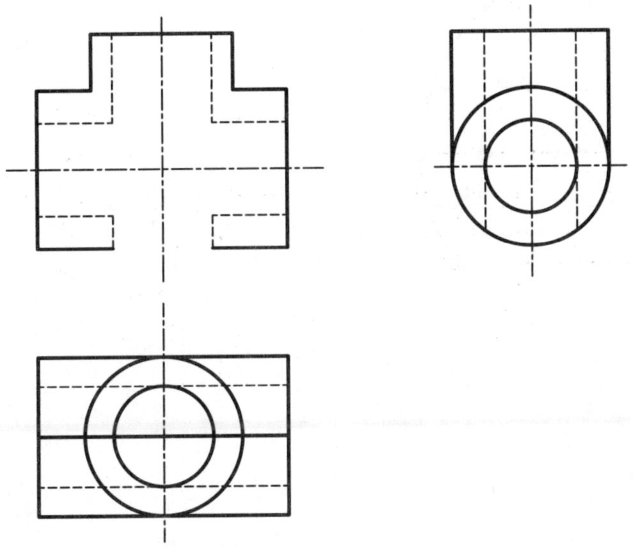

（4）根据相贯线的已知投影，补画第三视图。

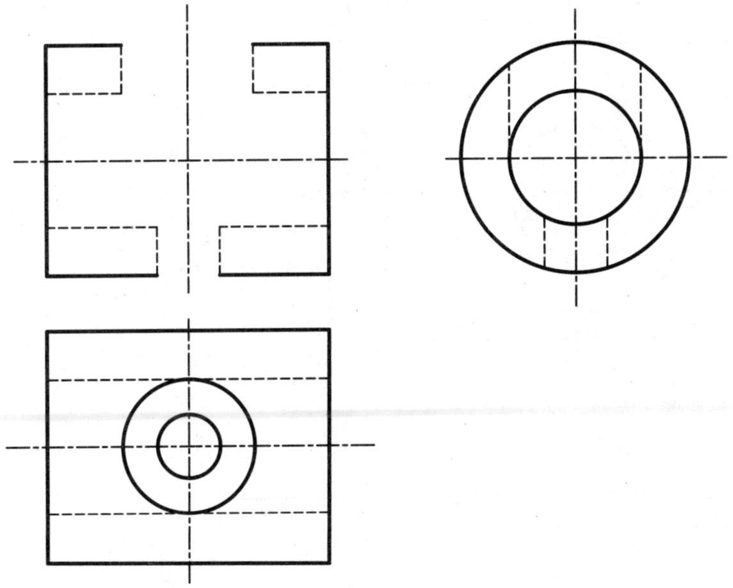

班级		姓名		学号		审阅	

3–3 相贯线

（5）分析三视图，求作相贯线。

（6）分析三视图，求作相贯线。

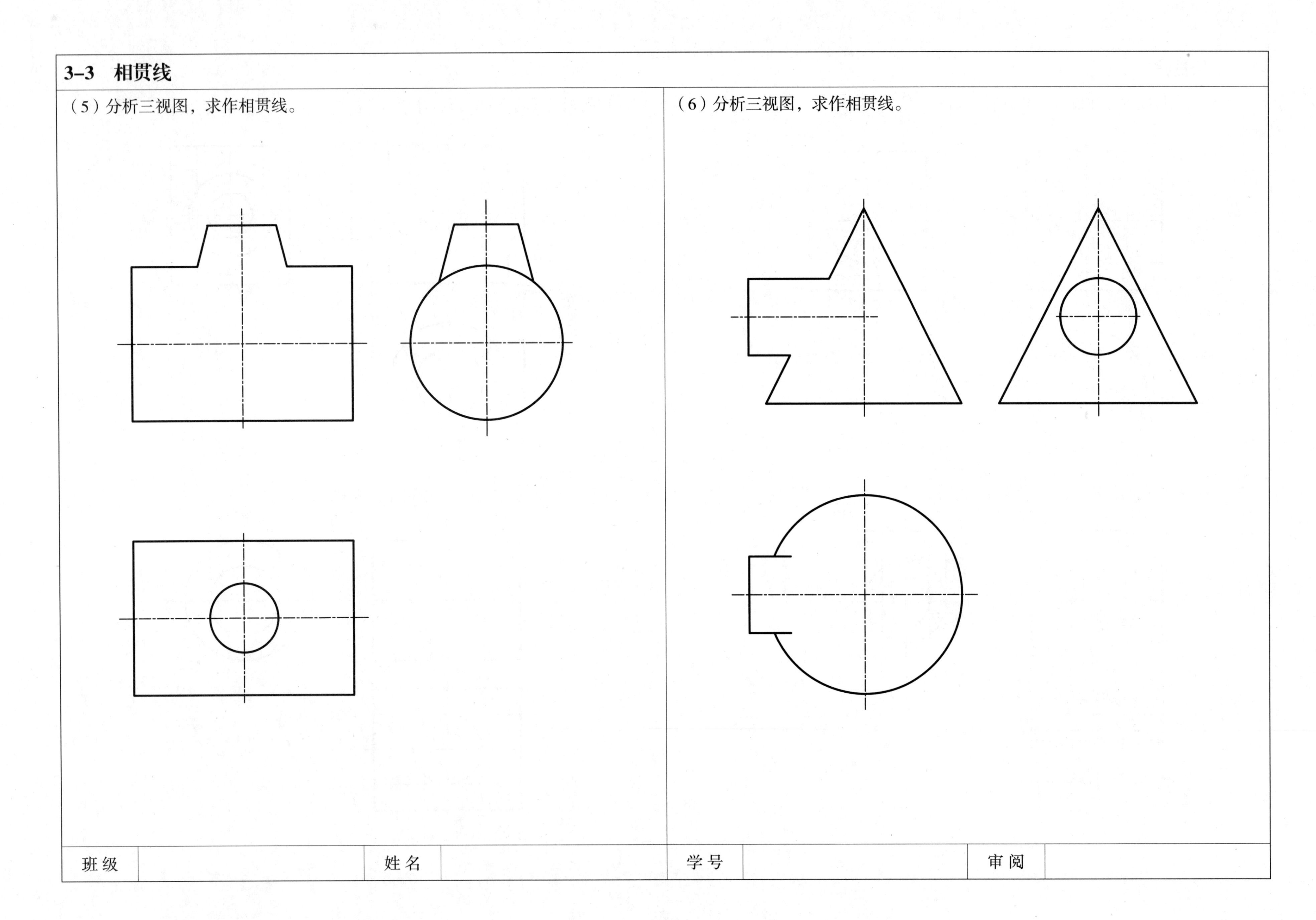

班级		姓名		学号		审阅	

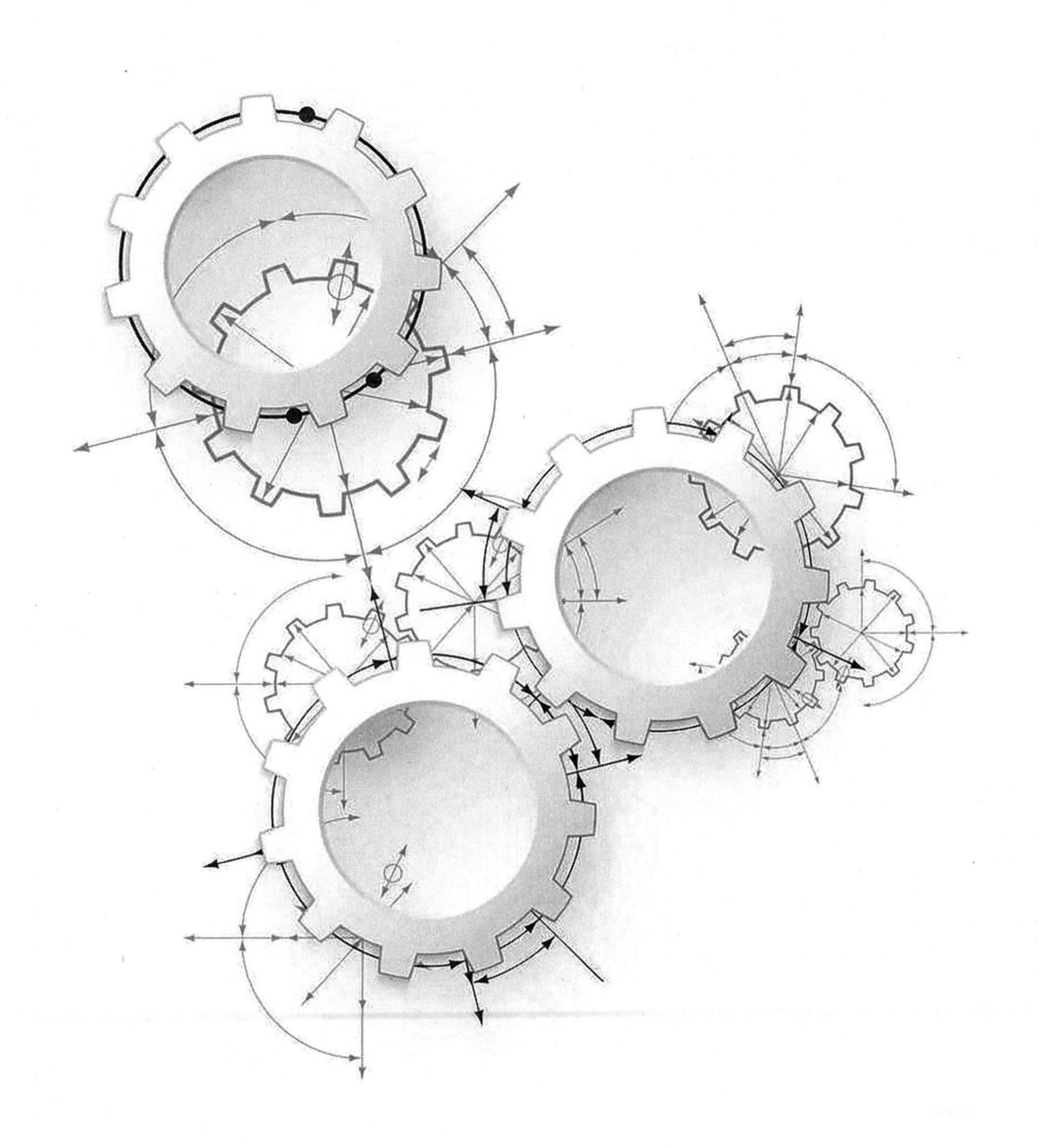

第 4 章　组合体的投影

章节链接：

组合形体简称组合体，可看作由复杂形体抽象而成的简单几何立体的组合模型。组合体在 V、H 和 W 三面投影体系中的正投影称为组合体的三面投影。根据国家标准规定，组合体的视图也就是组合体的多面正投影。三视图和三面正投影的几何实质相同，只是视图中的投影轴被省略了。

本章练习对应《工程制图》教材第 4 章重点内容展开。

练习目标：

1. 具备符合规范地绘制组合体视图的能力。
2. 掌握合理布置组合体尺寸标注的技巧。

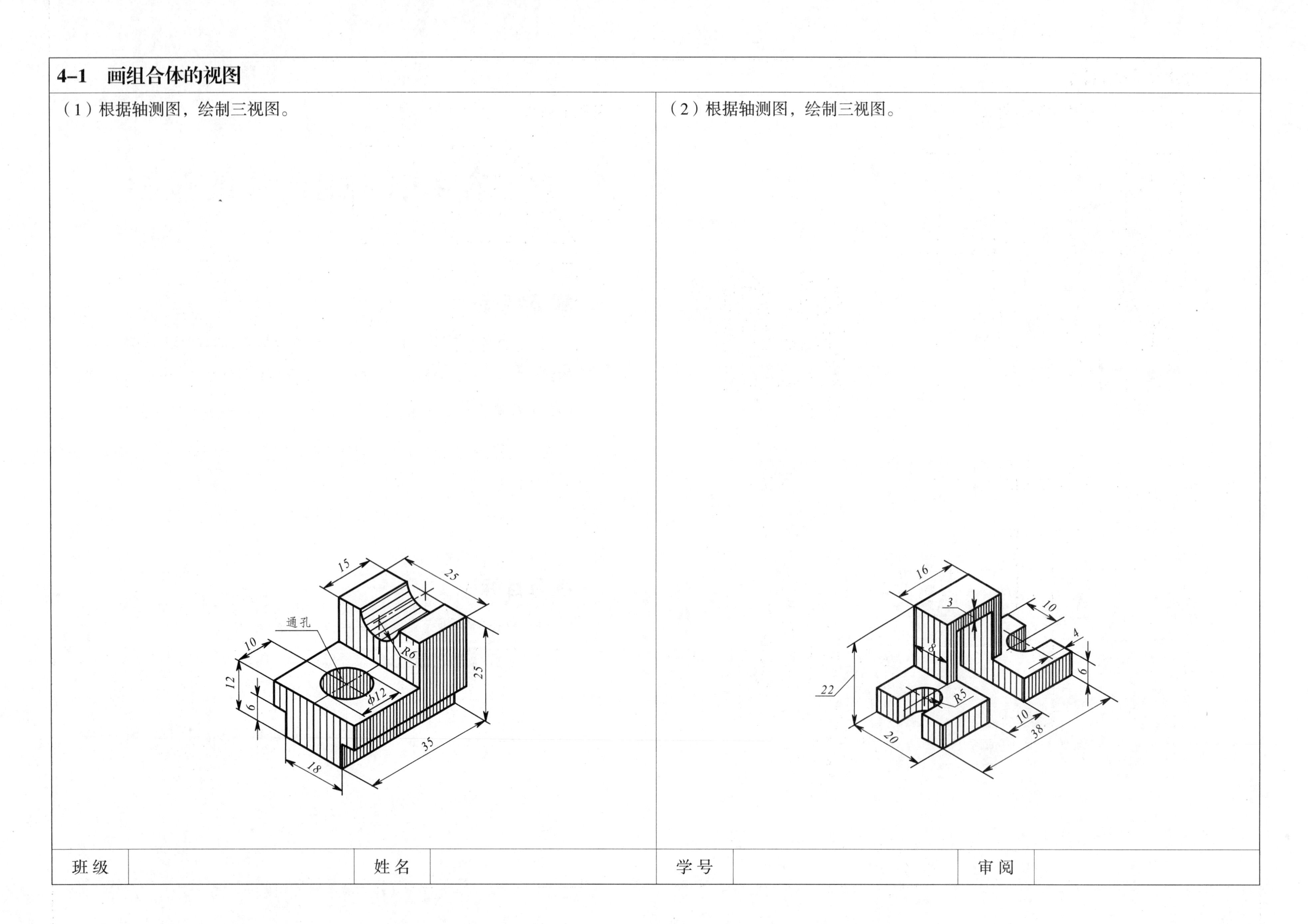
4-1 画组合体的视图
（1）根据轴测图，绘制三视图。
15
25
通孔
10
12
6
R6
φ12
25
35
18
（2）根据轴测图，绘制三视图。
16
3
10
4
8
22
R5
6
10
20
38
班级
姓名
学号
审阅

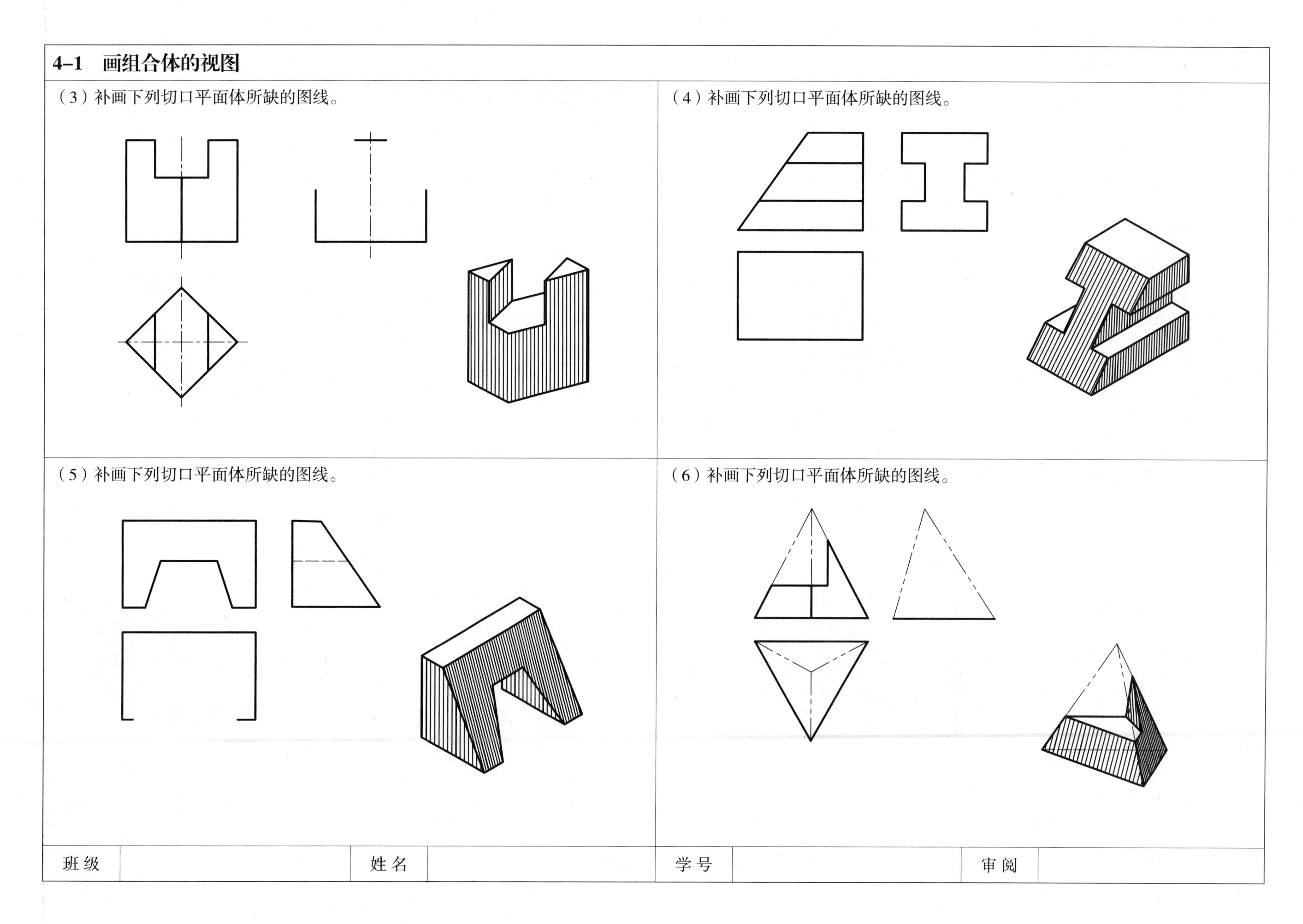
4-1 画组合体的视图
（3）补画下列切口平面体所缺的图线。
（4）补画下列切口平面体所缺的图线。
（5）补画下列切口平面体所缺的图线。
（6）补画下列切口平面体所缺的图线。
班级
姓名
学号
审阅

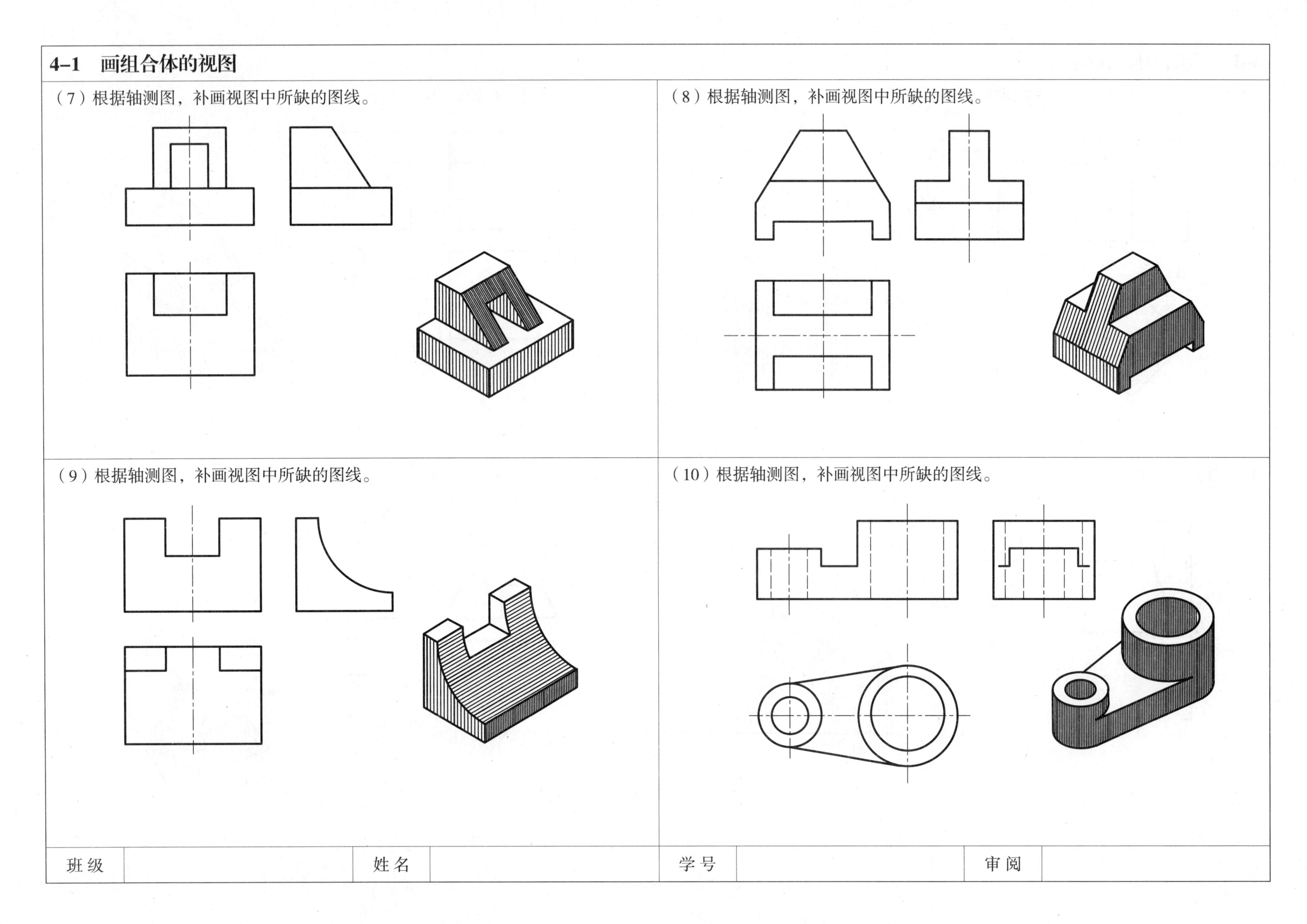
4-1 画组合体的视图
（7）根据轴测图，补画视图中所缺的图线。
（8）根据轴测图，补画视图中所缺的图线。
（9）根据轴测图，补画视图中所缺的图线。
（10）根据轴测图，补画视图中所缺的图线。
班级
姓名
学号
审阅

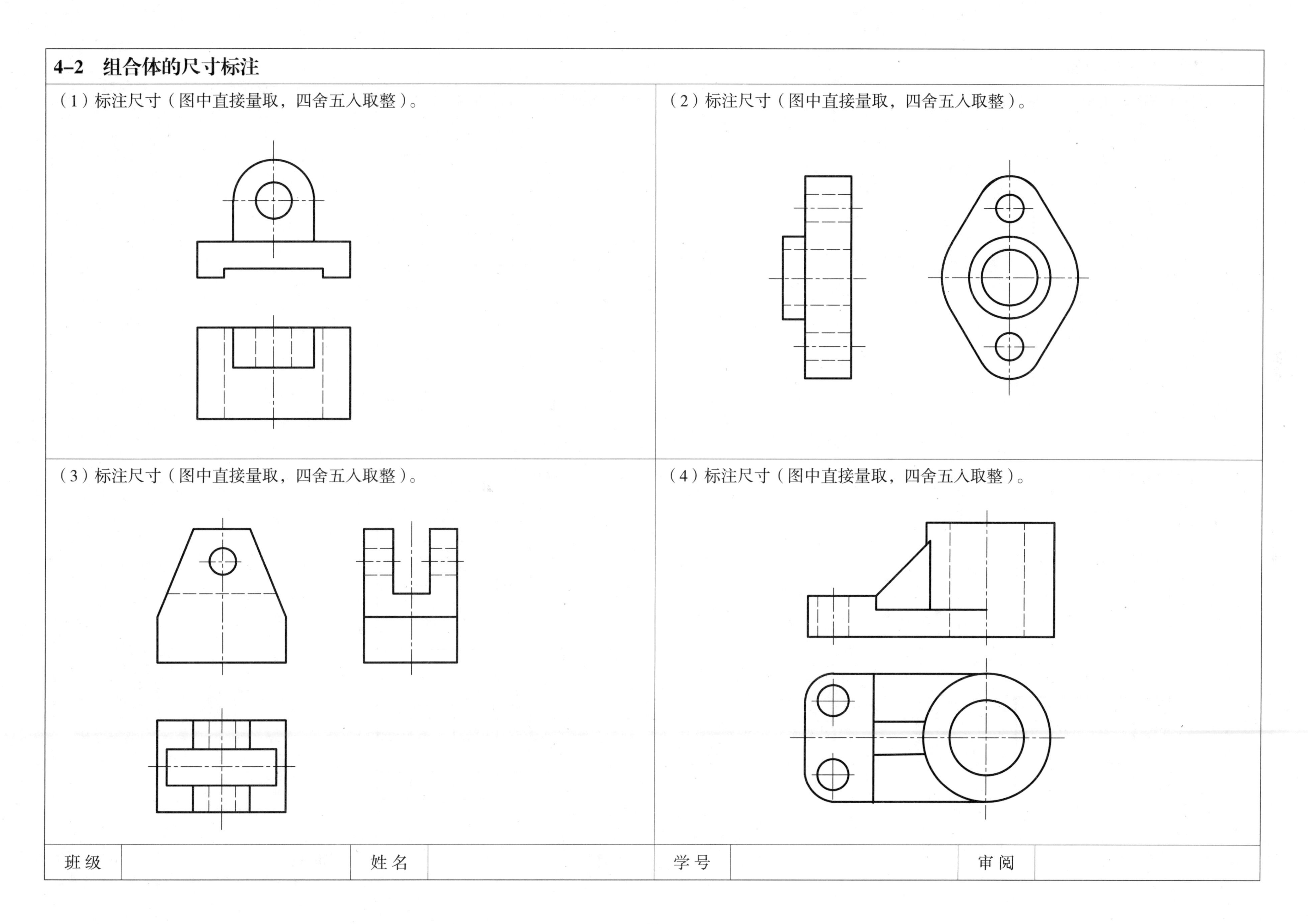
4–2　组合体的尺寸标注
（1）标注尺寸（图中直接量取，四舍五入取整）。
（2）标注尺寸（图中直接量取，四舍五入取整）。
（3）标注尺寸（图中直接量取，四舍五入取整）。
（4）标注尺寸（图中直接量取，四舍五入取整）。
班级
姓名
学号
审阅

4-3 读组合体的视图

（1）根据主视图和俯视图，补全左视图。

（2）根据主视图和俯视图，补全左视图。

（3）根据主视图和俯视图，补全左视图。

（4）根据主视图和俯视图，补全左视图。

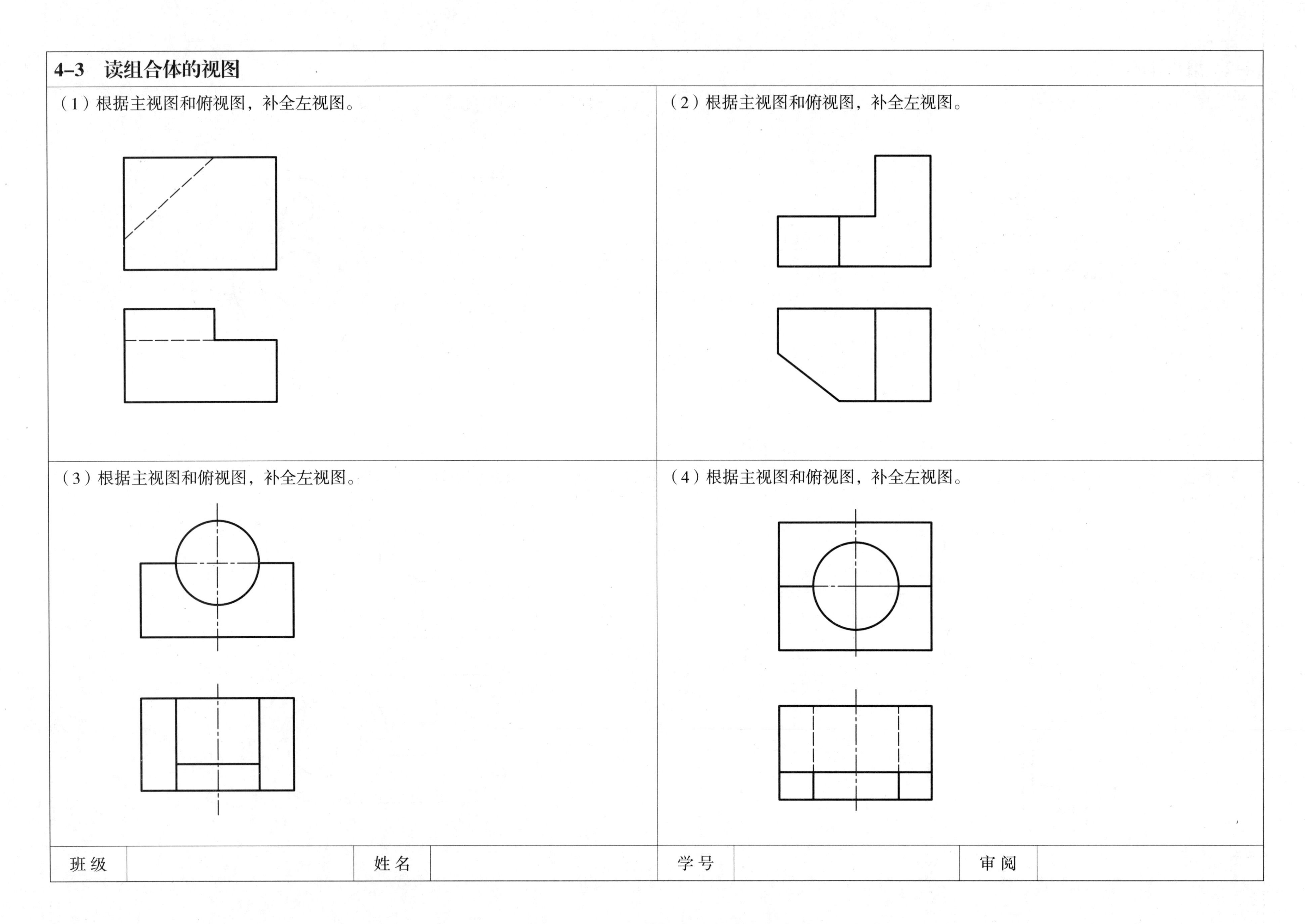

班级		姓名		学号		审阅	

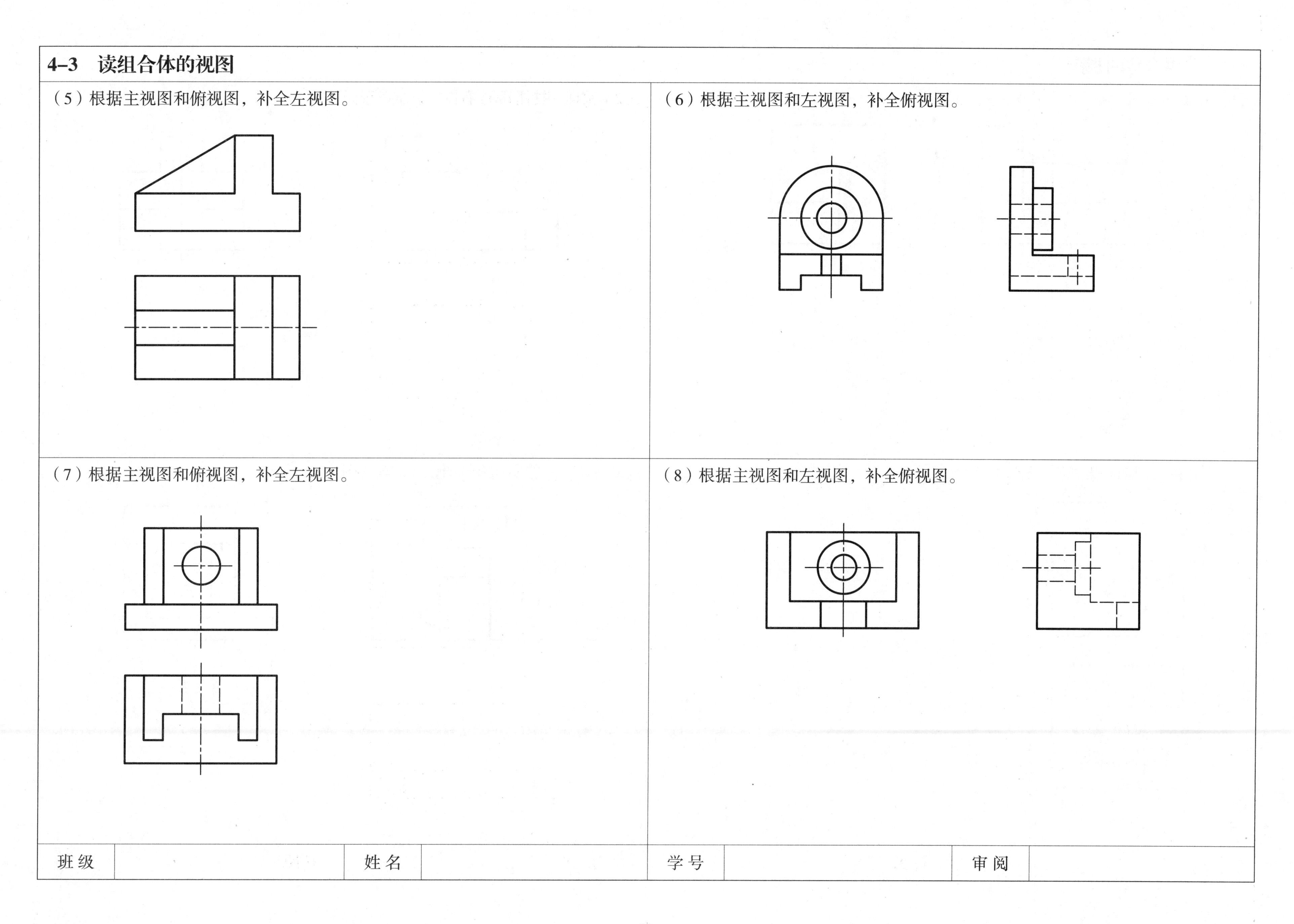
4-3 读组合体的视图
（5）根据主视图和俯视图，补全左视图。
（6）根据主视图和左视图，补全俯视图。
（7）根据主视图和俯视图，补全左视图。
（8）根据主视图和左视图，补全俯视图。
班级
姓名
学号
审阅

4-3 读组合体的视图

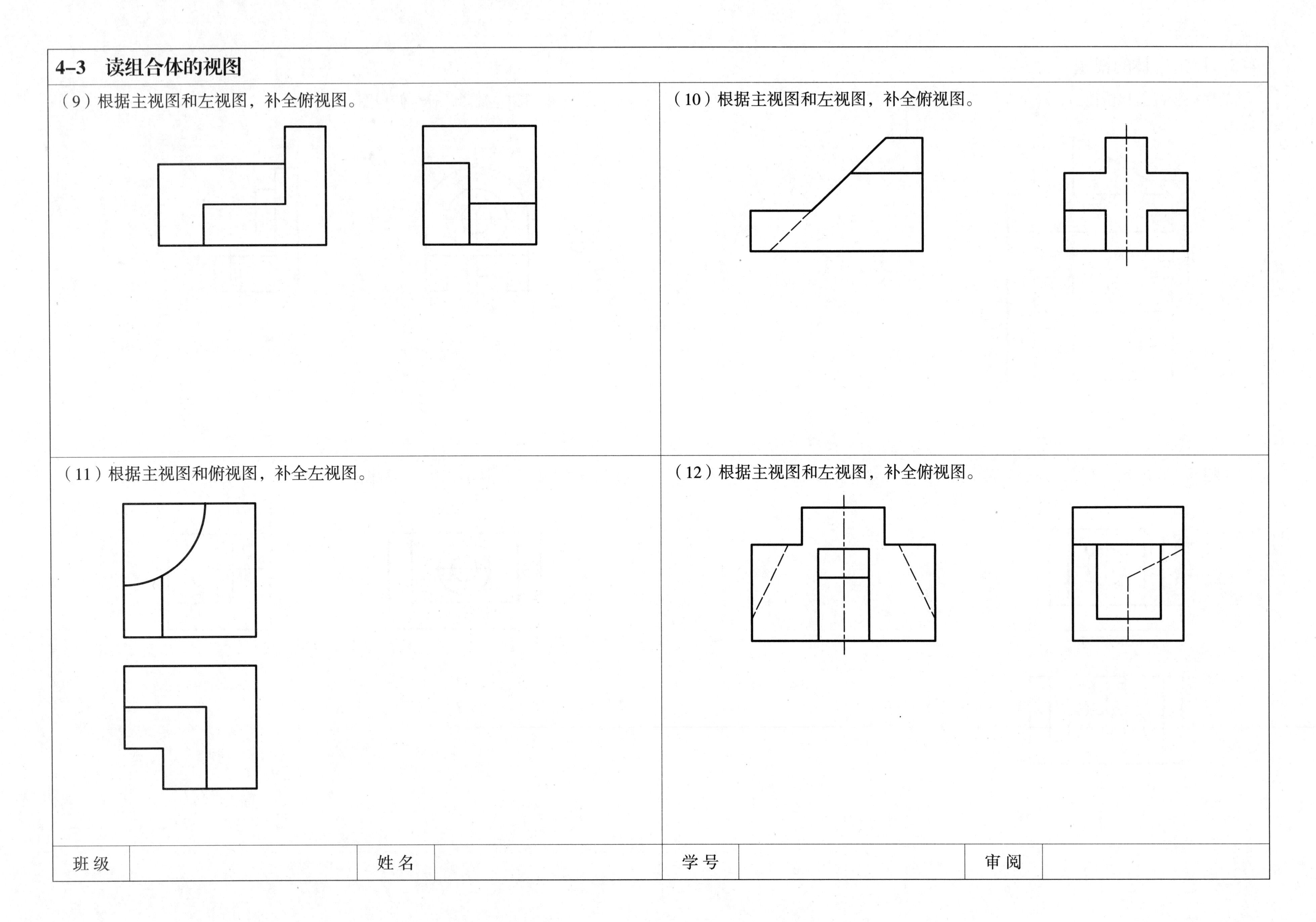

（9）根据主视图和左视图，补全俯视图。

（10）根据主视图和左视图，补全俯视图。

（11）根据主视图和俯视图，补全左视图。

（12）根据主视图和左视图，补全俯视图。

班级		姓名		学号		审阅	

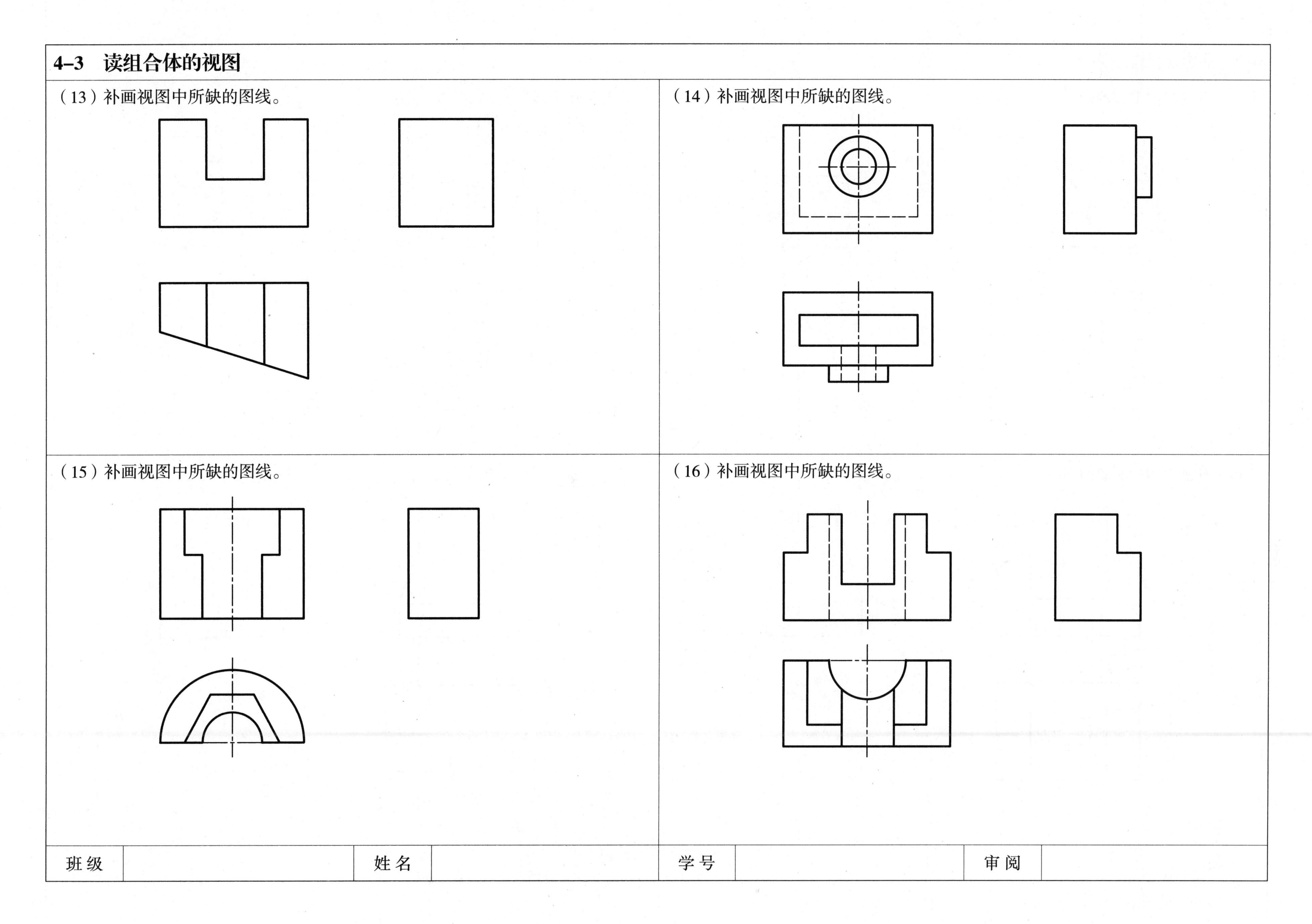
4–3 读组合体的视图
（13）补画视图中所缺的图线。
（14）补画视图中所缺的图线。
（15）补画视图中所缺的图线。
（16）补画视图中所缺的图线。
班级
姓名
学号
审阅

4-3 读组合体的视图

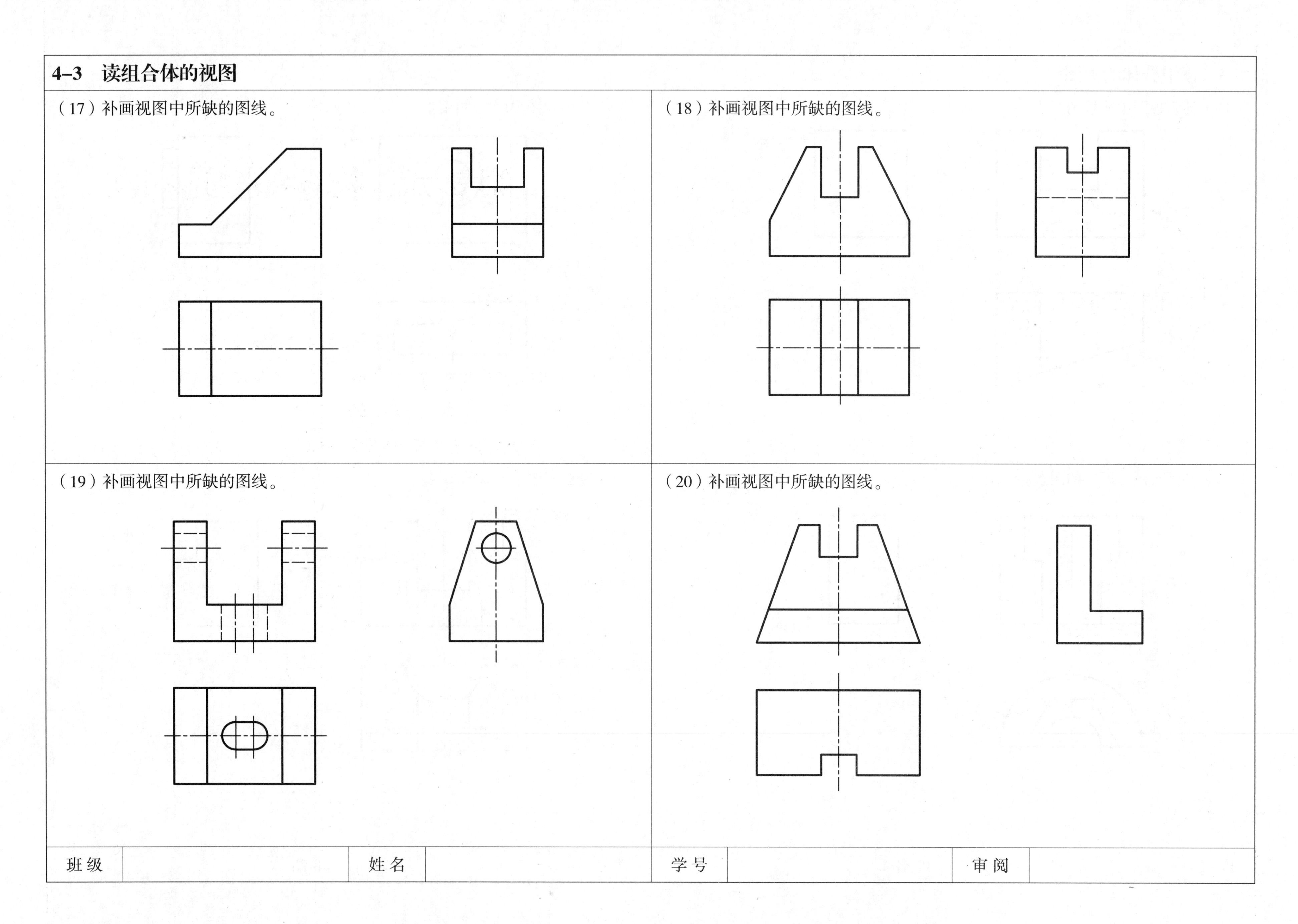

（17）补画视图中所缺的图线。
（18）补画视图中所缺的图线。
（19）补画视图中所缺的图线。
（20）补画视图中所缺的图线。
班级
姓名
学号
审阅

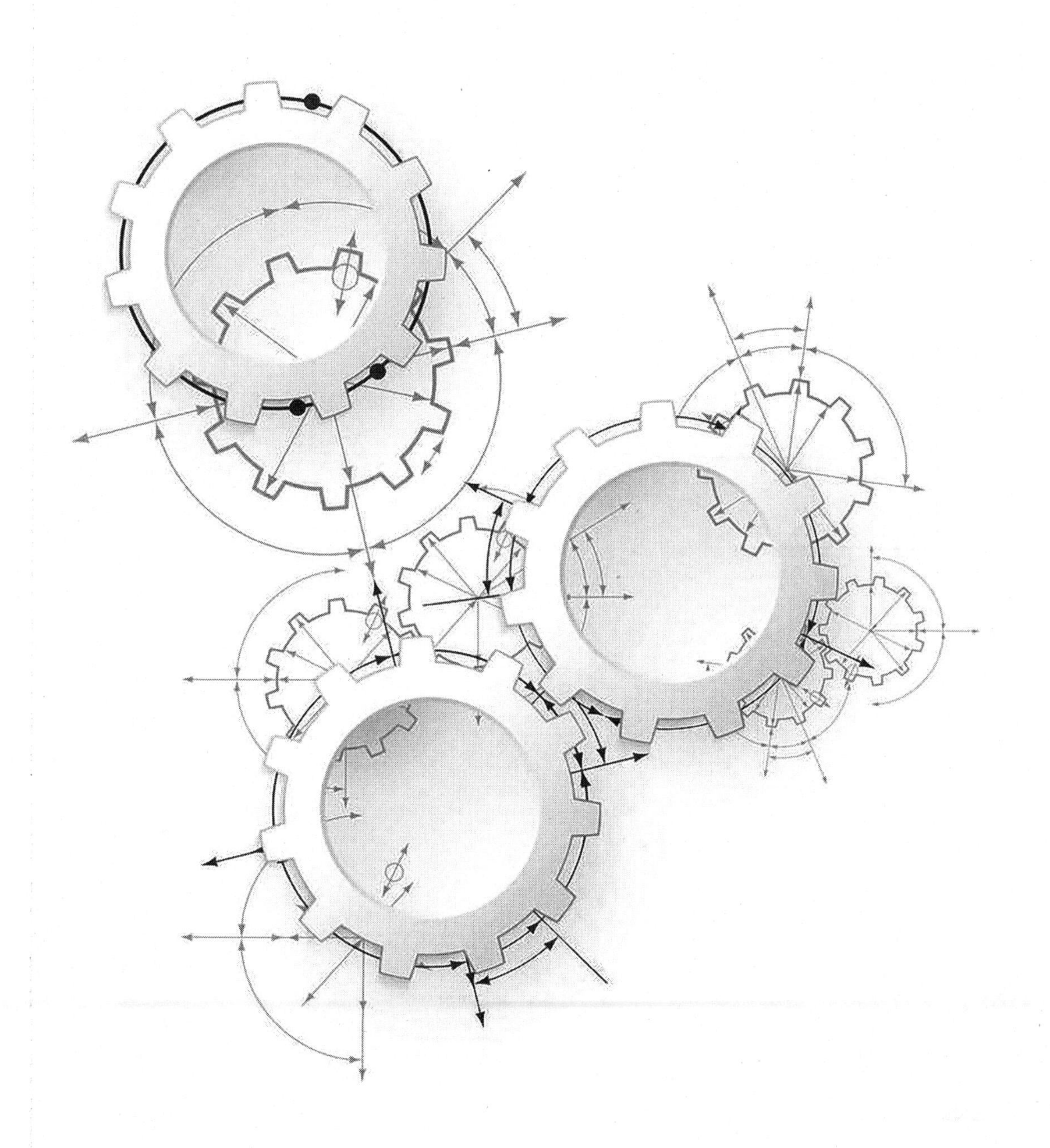

第 5 章　物体的表达方法

章节链接：

为正确、完整、清晰地表达物体的内部和外部结构形状，国家标准中规定了绘制各种图样，如基本视图、剖视图、断面图、局部放大图的基本方法，以及其他规定画法和简化画法。

本章练习对应《工程制图》教材第 5 章重点内容展开。

练习目标：

1. 认识各类视图及其应用特点。
2. 熟练掌握画基本视图、剖视图、断面图的步骤与方法。

5-1 视图

已知物体的主、俯、左视图，画出物体的其他三个基本视图。

班级		姓名		学号		审阅	

5-2 剖视图

（1）求作 A—A 剖视图。

A—A

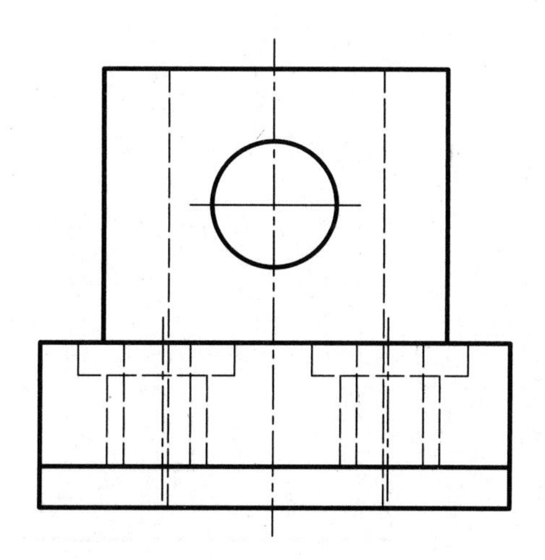

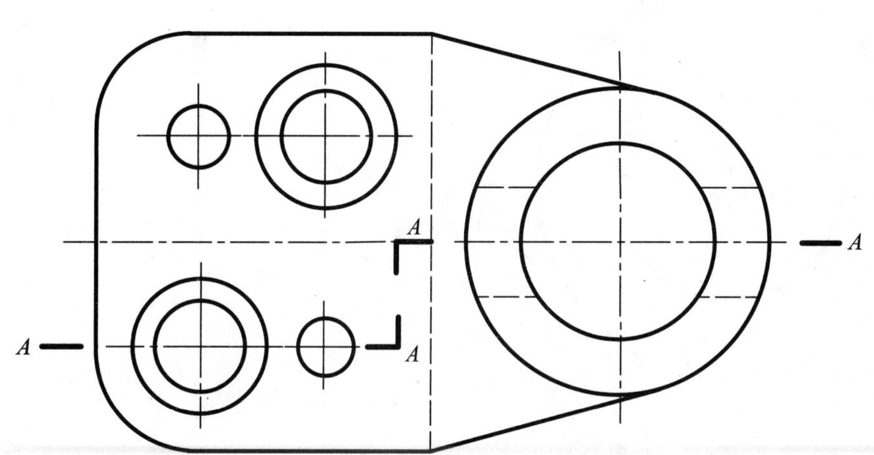

班级		姓名		学号		审阅	

5–2 剖视图

（2）求作 *A*—*A* 剖视图。

A—*A*

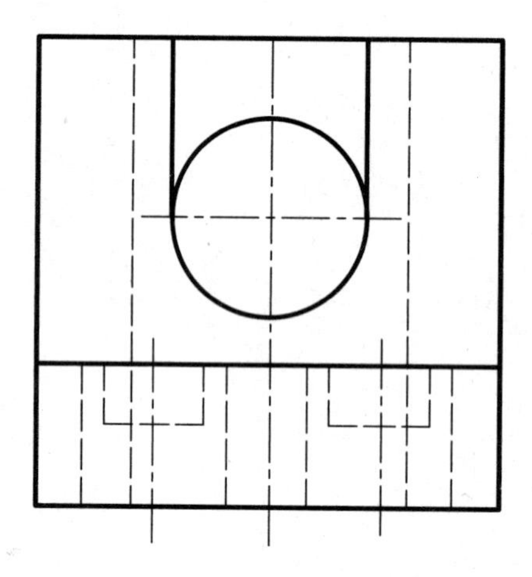

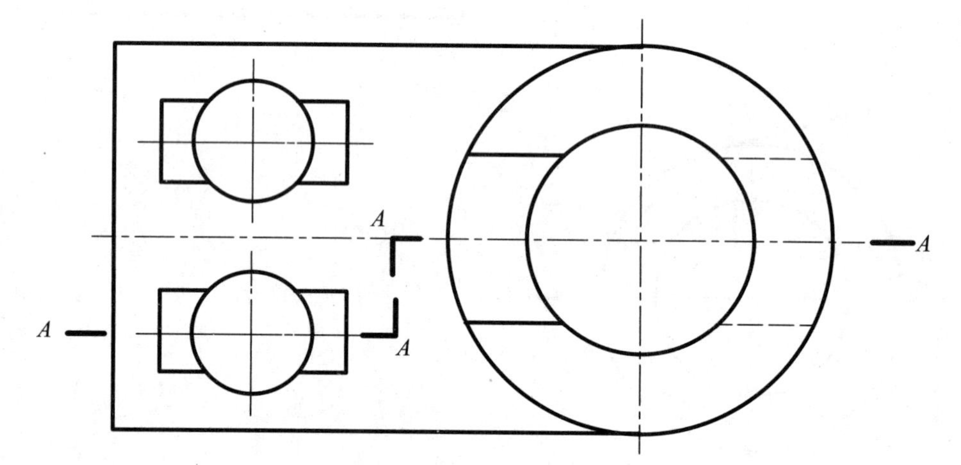

班级		姓名		学号		审阅	

5-2 剖视图

（3）求作 *B—B* 剖视图。

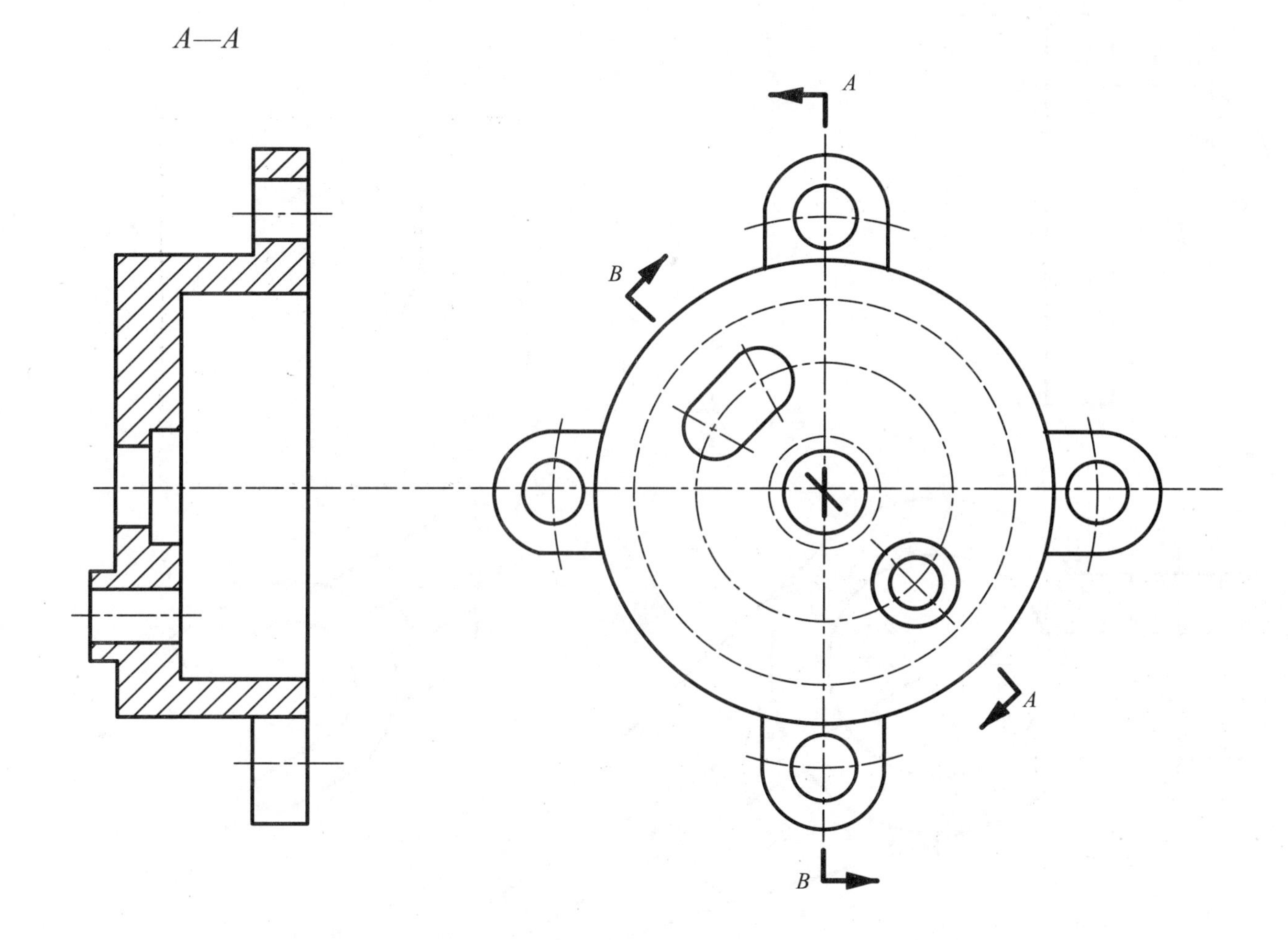

B—B

班级		姓名		学号		审阅	

5-2 剖视图

（4）补全 *A*—*A* 剖视图。

A—*A*

A

A

B

A

B

班级		姓名		学号		审阅	

5-2　剖视图

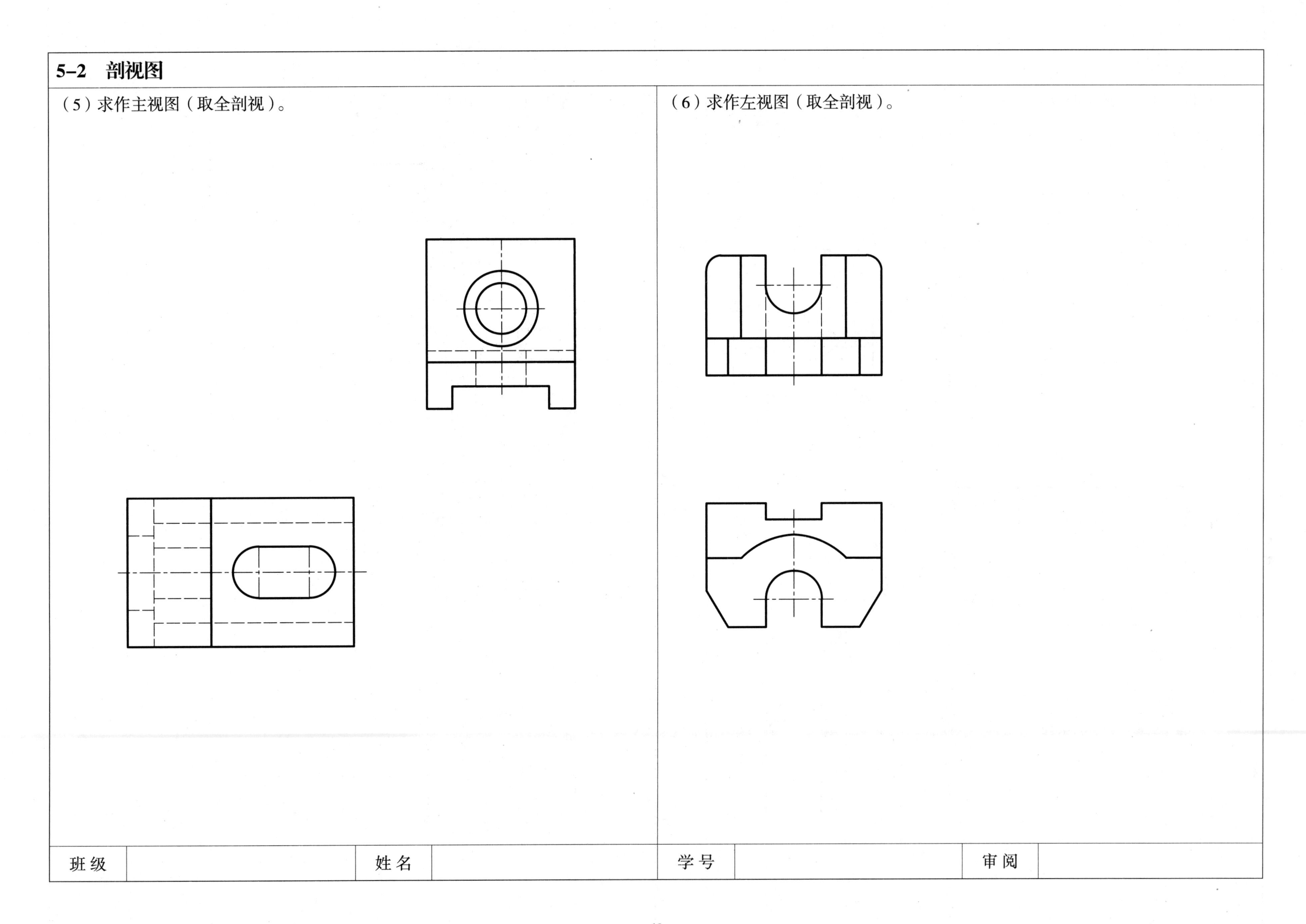

（5）求作主视图（取全剖视）。

（6）求作左视图（取全剖视）。

班 级		姓 名		学 号		审 阅	

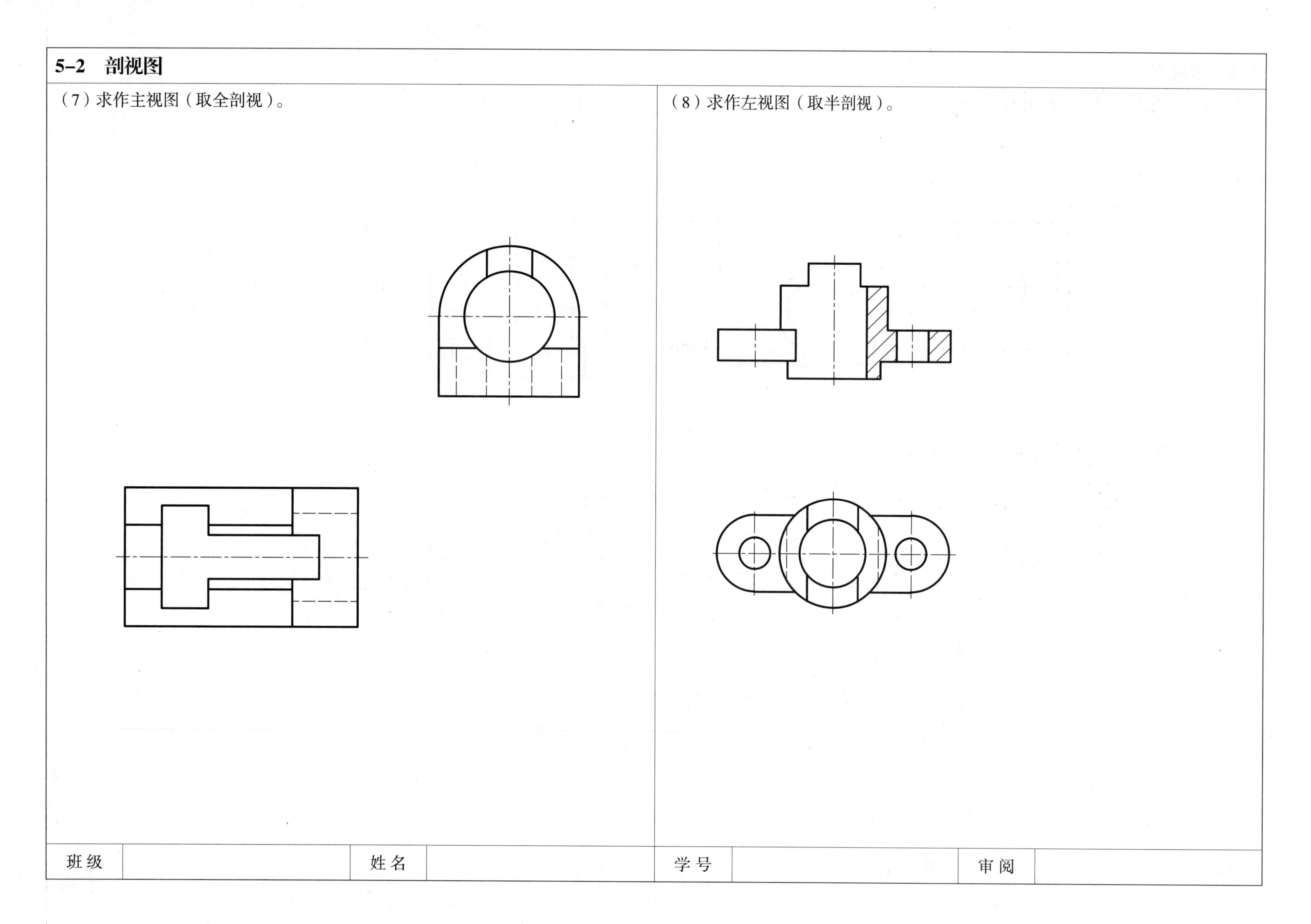
5-2 剖视图
（7）求作主视图（取全剖视）。
（8）求作左视图（取半剖视）。
班级
姓名
学号
审阅

5-3 断面图

（1）选择正确的断面图并进行断面图标注。

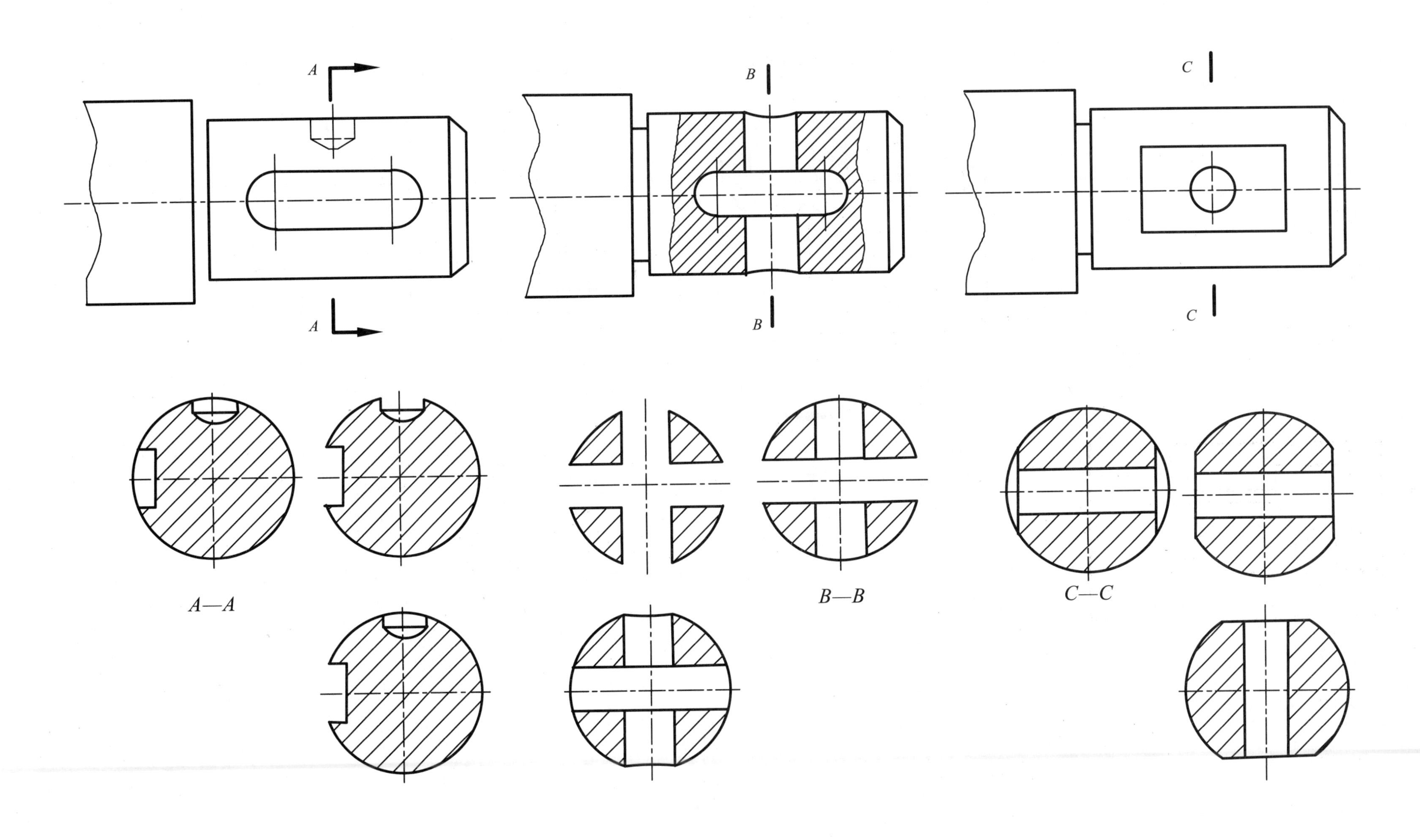

班级		姓名		学号		审阅	

5-3 断面图

（2）画出指定位置的断面图。

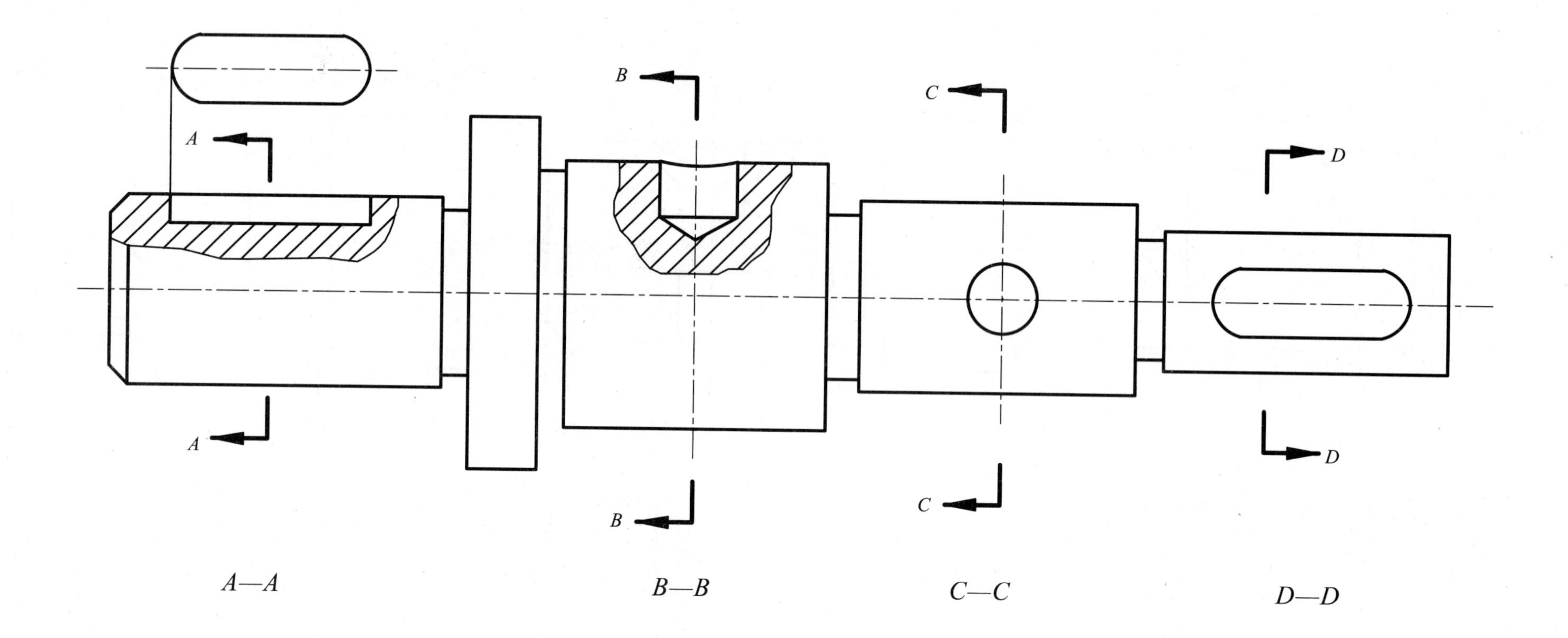

班级		姓名		学号		审阅	

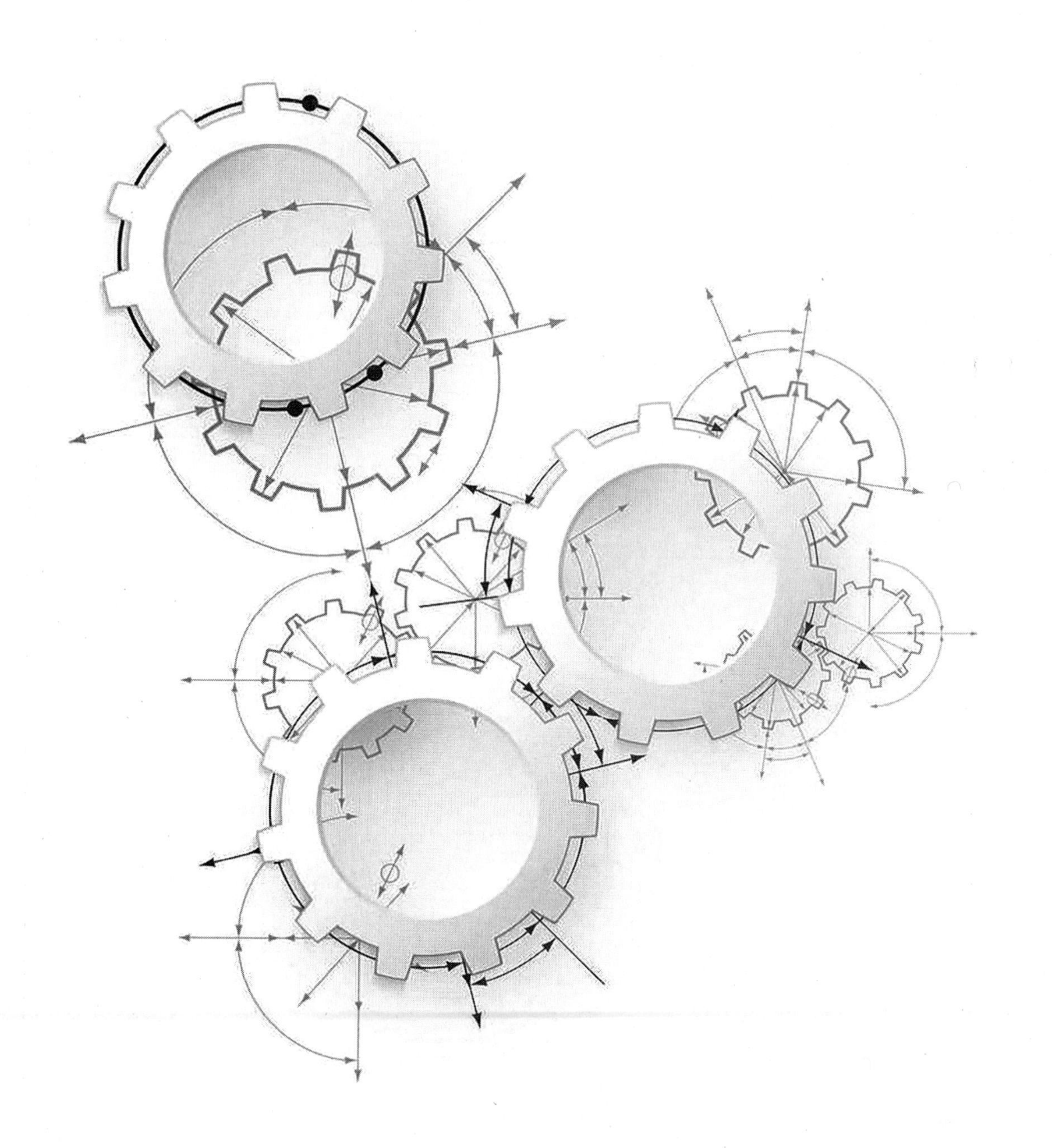

第 6 章　轴测投影

章节链接：

轴测投影图作为辅助性图样，通常配合正投影图使用。正投影图的优点是能够完整、准确地表达形体的形状和大小，而且作图简便；缺点是缺乏立体感，非专业人员较难读懂。而轴测投影图（简称轴测图）能在一个投影中同时反映出形体的长、宽、高和不平行于投影方向的平面，具有较好的立体感；缺点是形体表达不全面，一般不反映实形，存在变形。

本章练习对应《工程制图》教材第 6 章重点内容展开。

练习目标：

1. 了解轴测投影的原理，认识各类轴测投影图。
2. 掌握正等轴测图和斜二轴测图的画法。

6-1 正等轴测图

（1）根据所给视图画出正等轴测图。

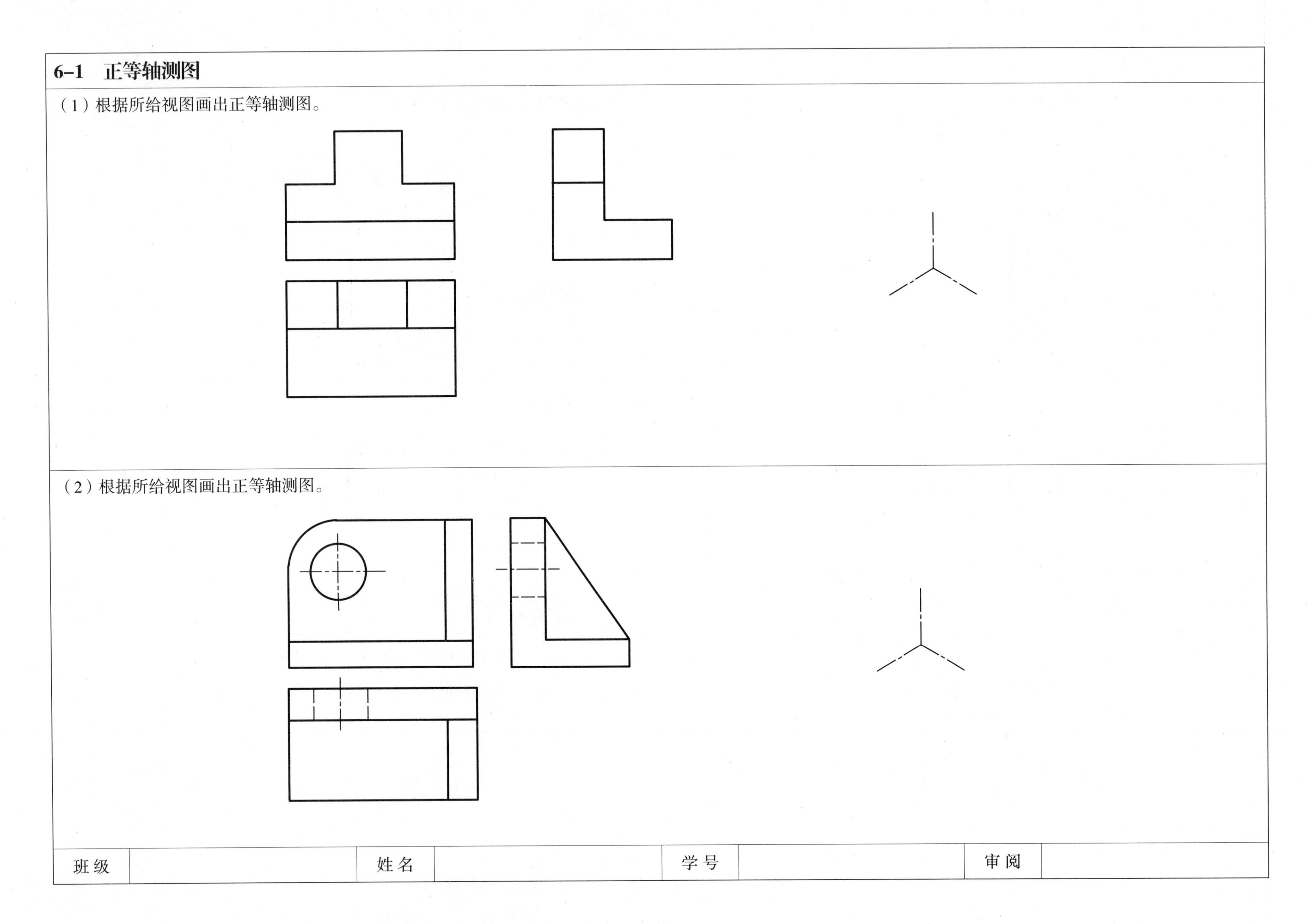

（2）根据所给视图画出正等轴测图。

班级		姓名		学号		审阅	

6-1 正等轴测图

（1）根据所给视图画出正等轴测图。

（2）根据所给视图画出正等轴测图。

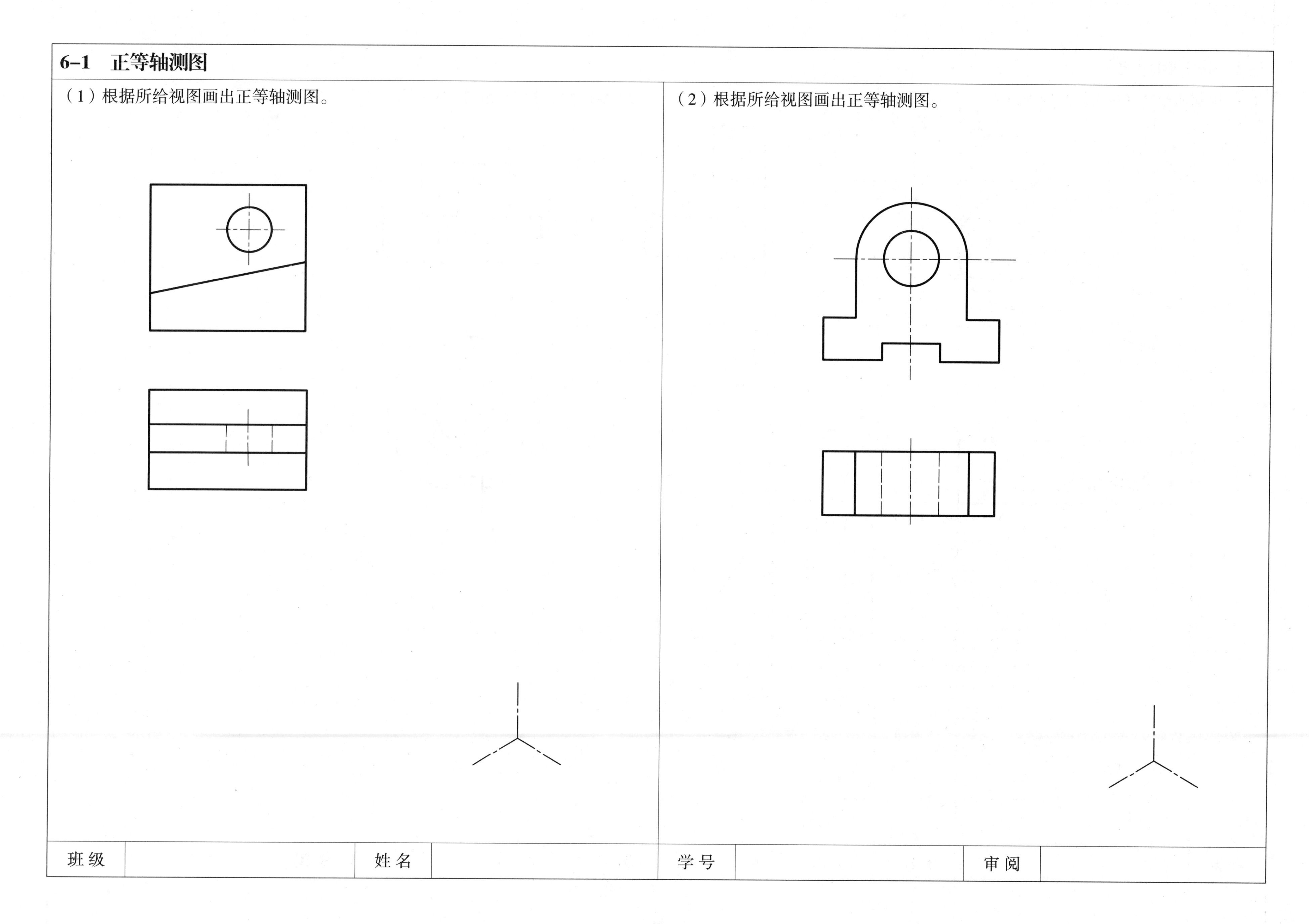

班级		姓名		学号		审阅	

6–2 斜二轴测图

（1）根据所给视图画出斜二轴测图。

（2）根据所给视图画出斜二轴测图。

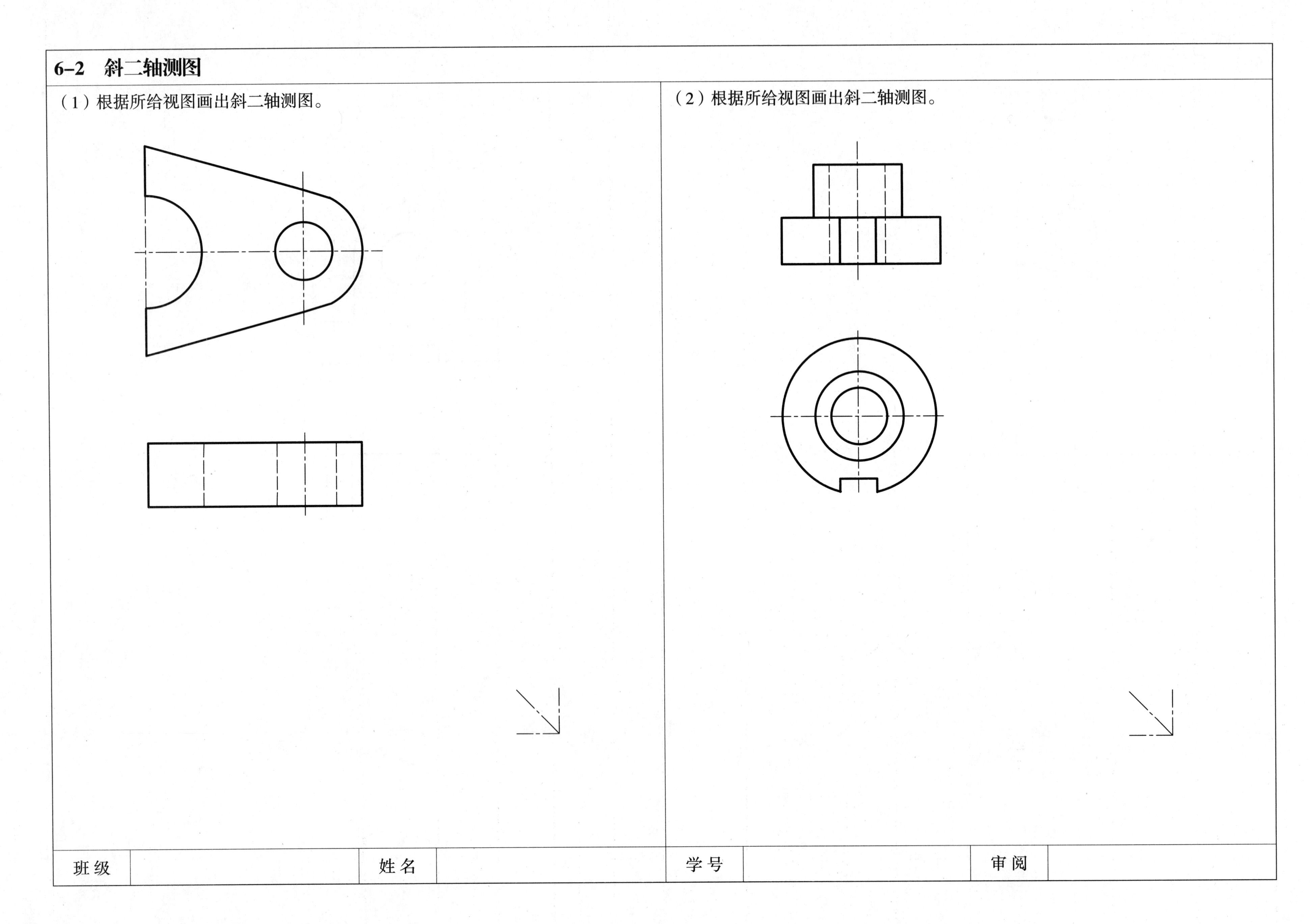

班级		姓名		学号		审阅	

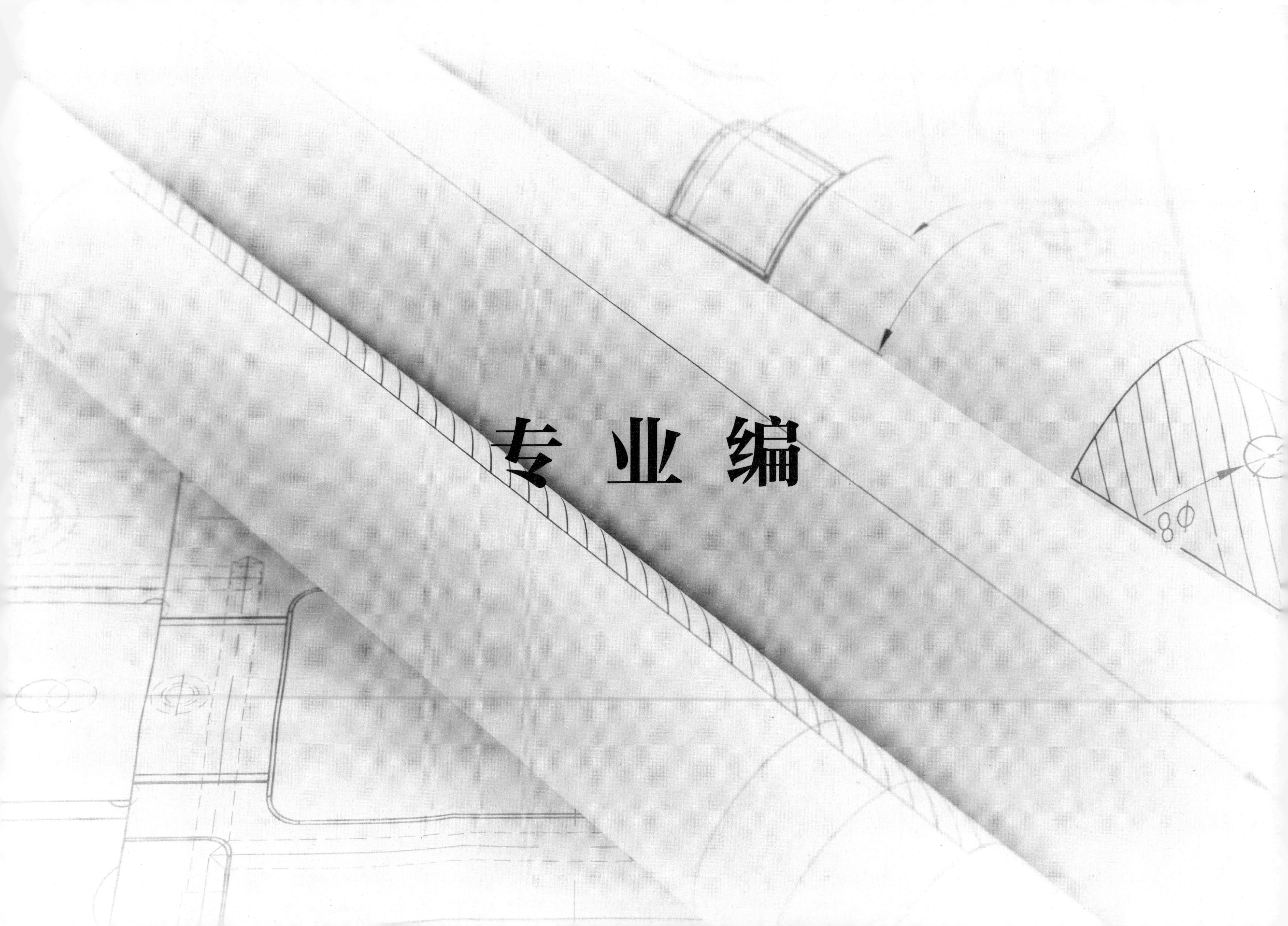

专 业 编

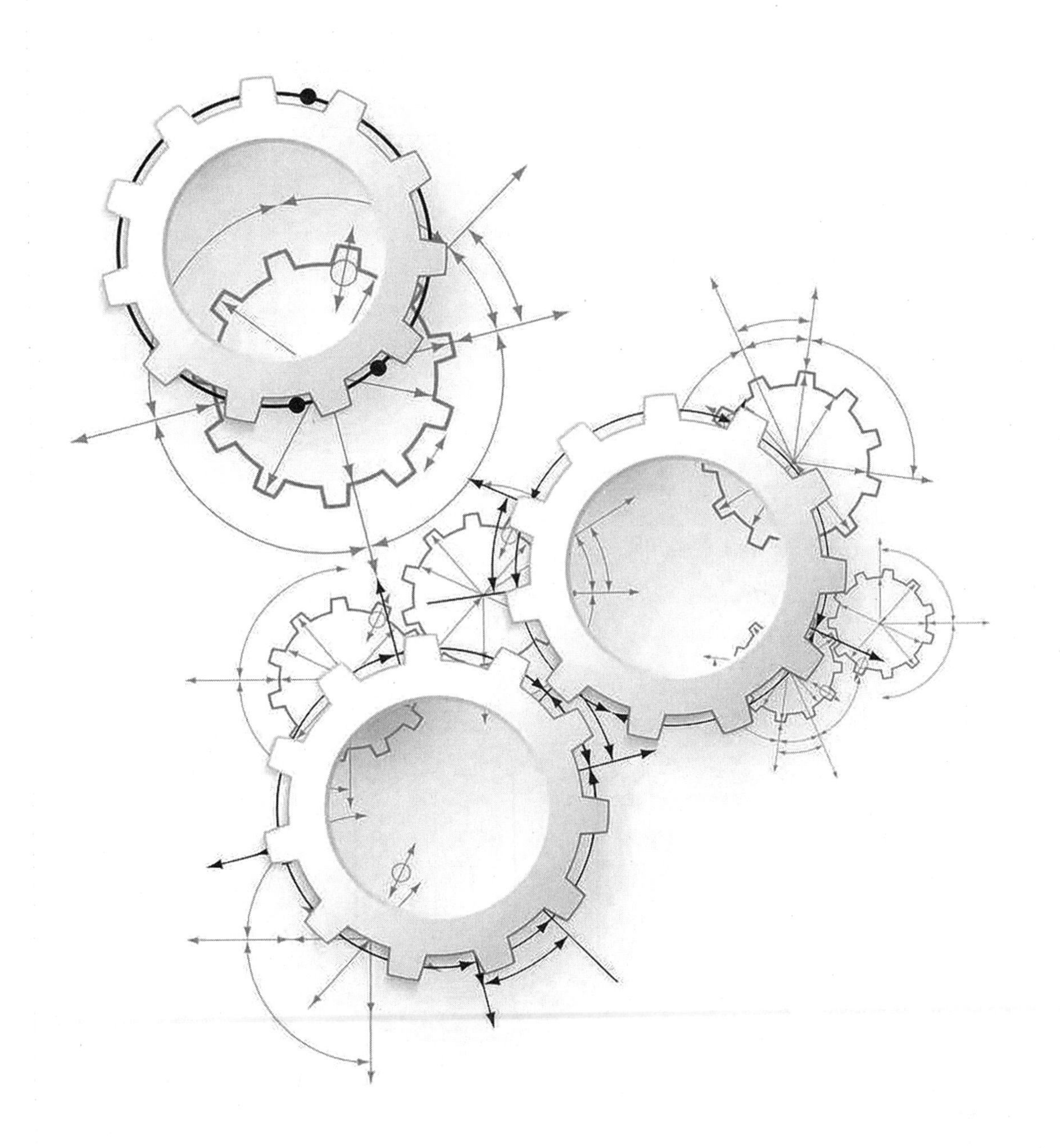

第 7 章　标准件与常用件

章节链接：

标准件指已有国家标准将其结构、型式、尺寸、画法等标准化的零件，如螺栓、螺钉、螺母、垫圈、键、销和滚动轴承等；常用件指国家标准仅将部分结构及尺寸参数标准化，需采用规定画法等进行表达的零件，如齿轮、弹簧等。

本章练习对应《工程制图》教材第 7 章重点内容展开。

练习目标：

1. 认识螺纹，了解螺纹标记的有关规定。
2. 掌握螺纹的规定画法与螺纹的标注。
3. 掌握螺纹紧固件及其连接的画法。

7–1 螺纹

（1）识别下列螺纹标记中各代号的意义，并填表。

螺纹标记	螺纹种类	螺纹大径	导程	螺距	线数	中径公差带代号	旋合长度代号	旋向
M20–7H–LH								
M20 × 1.5–7g6g–L								
Tr40 × 14（P7）–8e								
G3/8								

（2）外螺纹，大径 M20、螺纹长 30 mm、螺杆长画 40 mm 后断开，螺纹倒角 C2。绘制主、左视图（1∶1）。

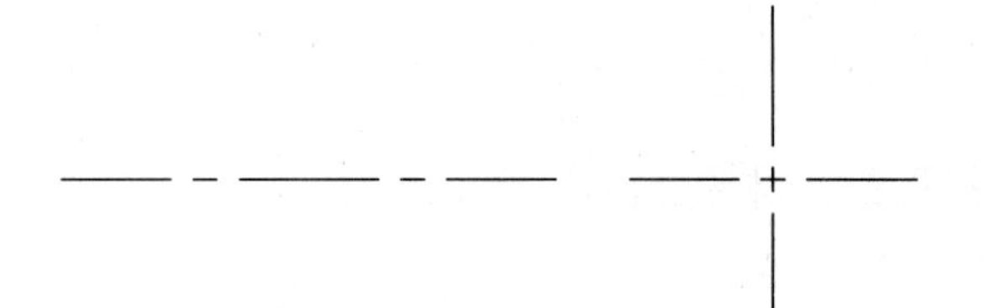

（3）内螺纹，大径 M20、螺纹长 30 mm、孔深 40 mm，螺纹倒角 C2。绘制主、左视图（1∶1）。

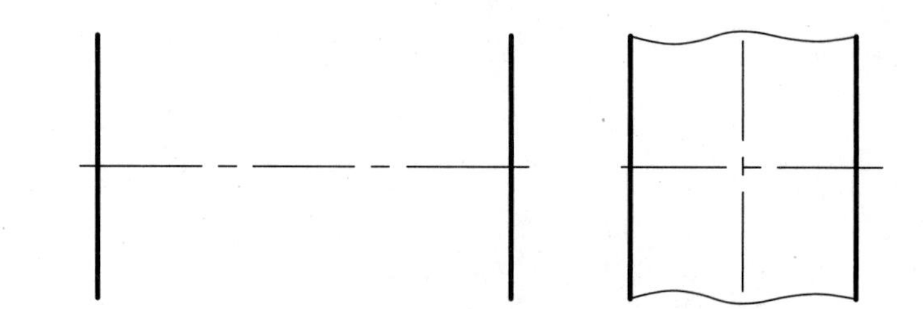

班 级		姓 名		学 号		审 阅	

7–1　螺纹

（4）将题（2）的外螺纹调头旋入题（3）的螺孔，旋合长度为 20 mm，作出旋合后的主视图。

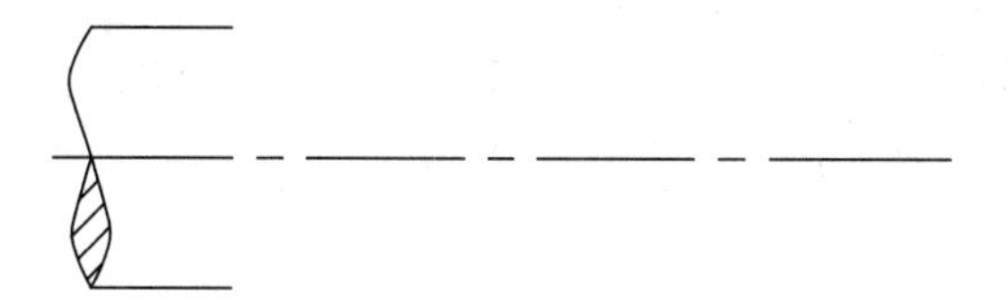

（5）根据标注的螺纹代号，查表并说明螺纹的各要素。

a.

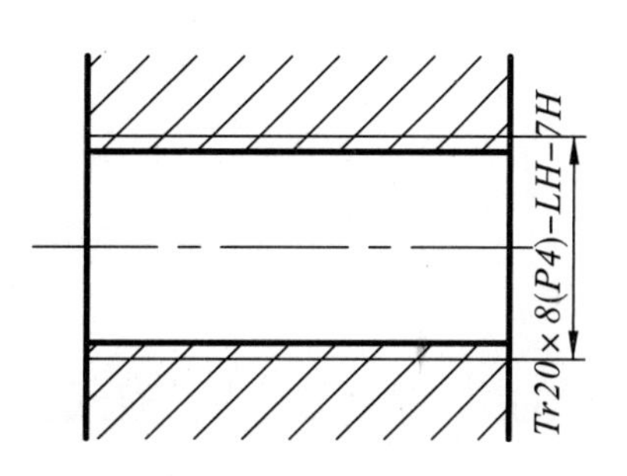

该螺纹为__________螺纹；

公称直径为_________mm；

螺距为_____________mm；

线数为_______________；

旋向为_______________；

螺纹公差为___________。

b.

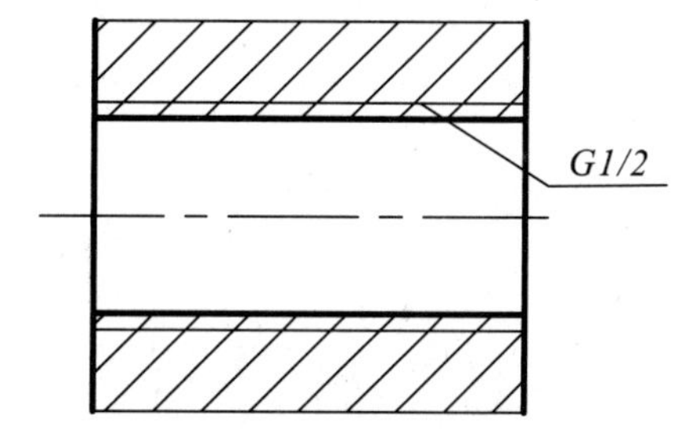

该螺纹为__________螺纹；

尺寸代号为_________mm；

大径为_____________mm；

小径为_____________mm；

螺距为_____________mm。

班级		姓名		学号		审阅	

7-1　螺纹

（6）根据下列给定的螺纹要素，标注螺纹的标记代号。

a．粗牙普通螺纹，公称直径 24 mm，螺距 3 mm，单线，右旋，中径、小径公差均为 6H，旋合长度属于短的一组。

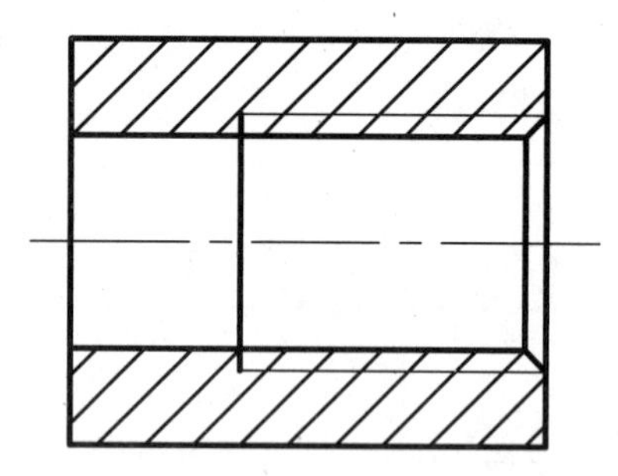

b．细牙普通螺纹，公称直径 30 mm，螺距 2 mm，单线，右旋，中径公差带为 5g，大径公差带为 6g，旋合长度属于中等的一组。

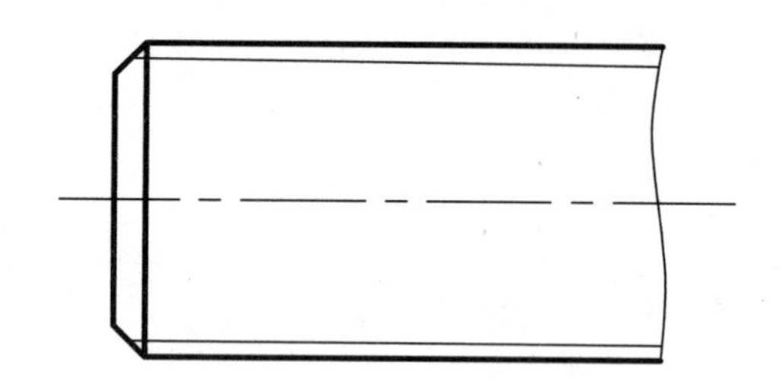

c．55° 非密封管螺纹，尺寸代号 3/4，公差等级为 A 级，右旋。

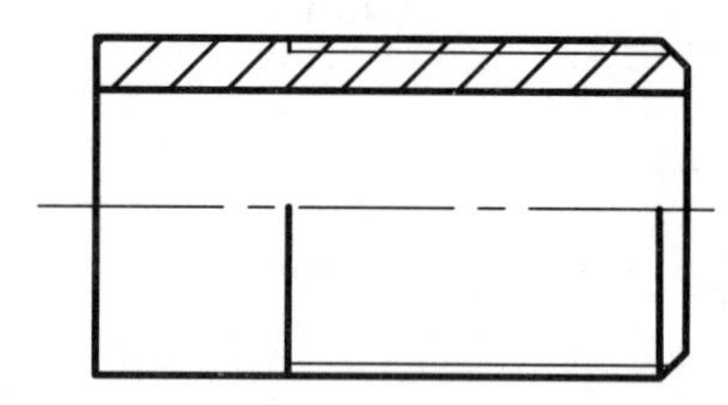

d．梯形螺纹，公称直径 30 mm，螺距 6 mm，双线，左旋，中径公差带为 7e，中等旋合长度。

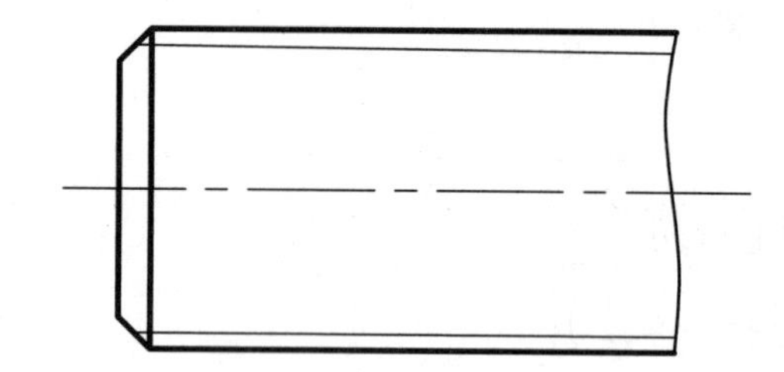

班级		姓名		学号		审阅	

7-2　螺纹紧固件

查表画出下列螺纹紧固件，并注明螺纹的公称直径和螺栓、螺钉的长度 l 或螺母的厚度 m。

a. 已知：螺栓 GB/T 5780—2016 M20 × 80。画出轴线水平放置、头部在左方的主、左视图（1∶1）。

b. 已知：螺母 GB/T 6170—2015 M20。画出轴线水平放置的主、左视图（1∶1）。

c. 已知开槽圆柱头螺钉：螺钉 GB/T 65—2016 M10 × 30。画出轴线水平放置、头部在左方的主、左视图（2∶1）。

班级		姓名		学号		审阅	

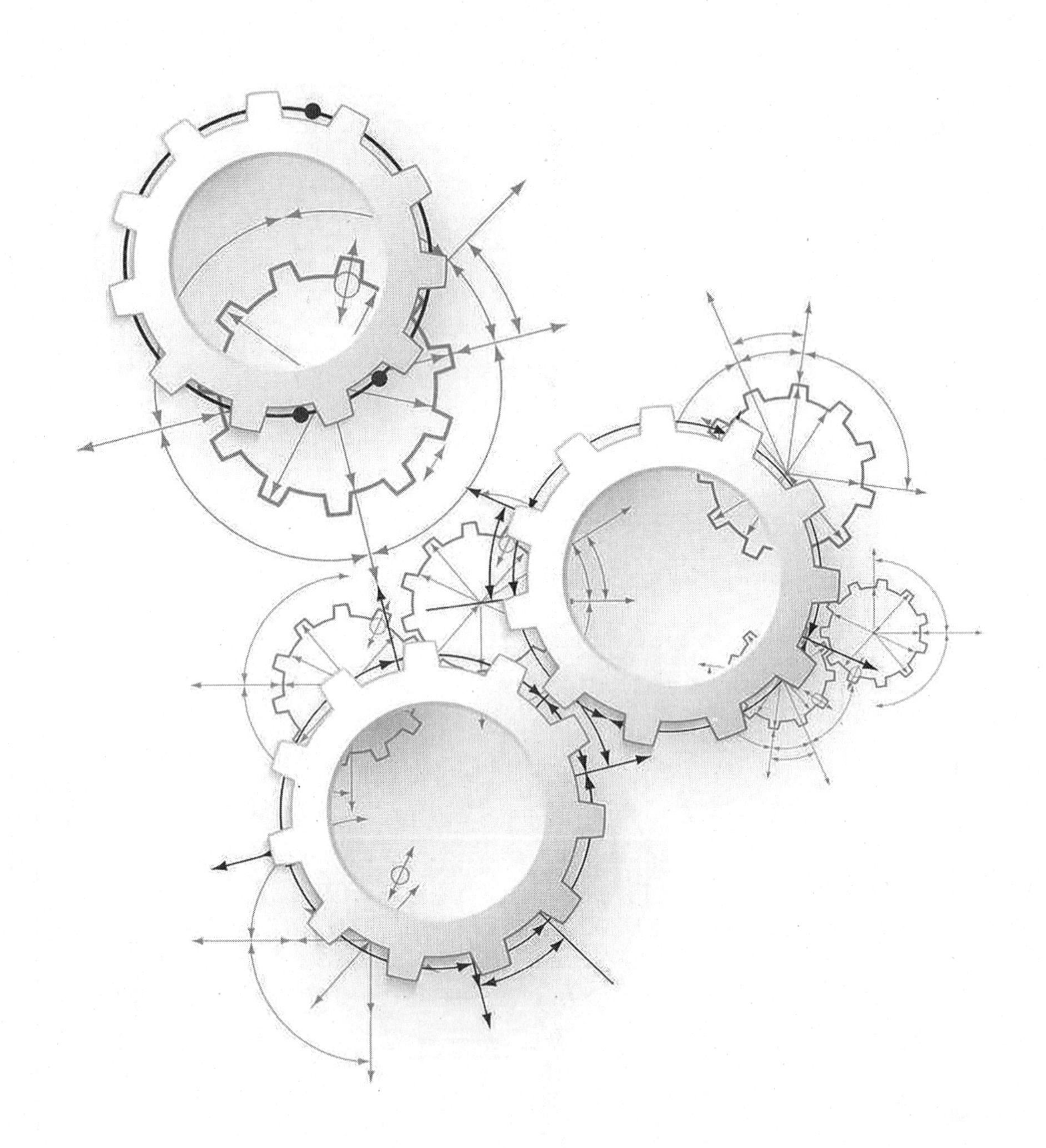

第 8 章　零件图

章节链接：

零件图是表达单个零件结构、形状、大小和技术要求的图样，是生产过程中加工制造和检验测量的基本技术文件。

本章练习对应《工程制图》教材第 8 章重点内容展开。

练习目标：

掌握根据零件类型特征选择合适视图绘制零件图的方法。

8-1　画零件图的方法与步骤

（1）抄绘“上模底板”零件图，并画出 *F—F* 截面图。

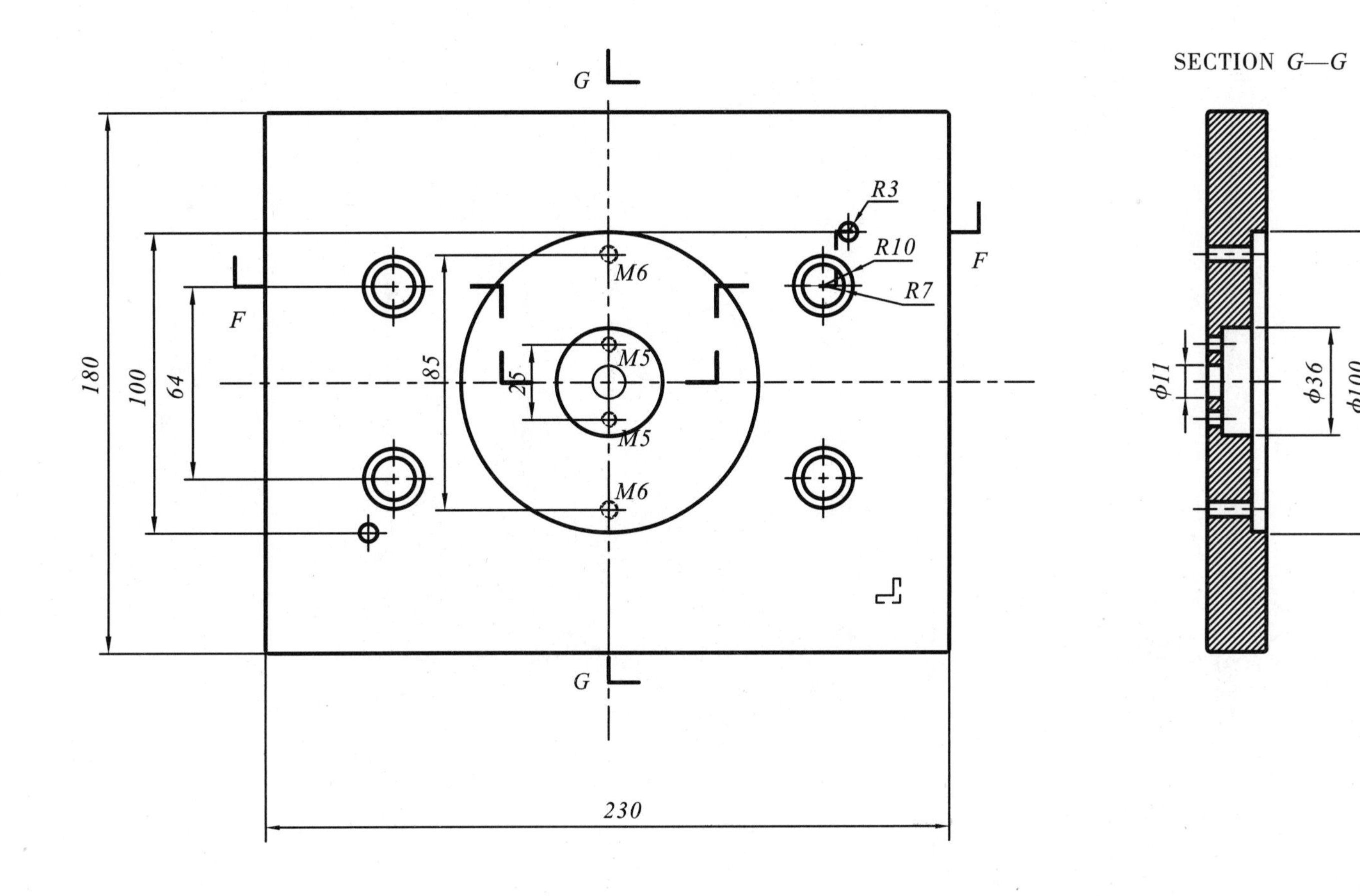

技术要求

1. 表面无毛刺
2. 大平面平磨
3. 未注周边倒角 C2

标记	处数	分区	更改文件号	签名	年、月、日					上模底板
设计						阶段标记		重量	比例	
审核										图样代号
工艺		批准								

班级		姓名		学号		审阅	

8-1 画零件图的方法与步骤

（2）抄绘“模脚”零件图，并画出 M—M 截面图。

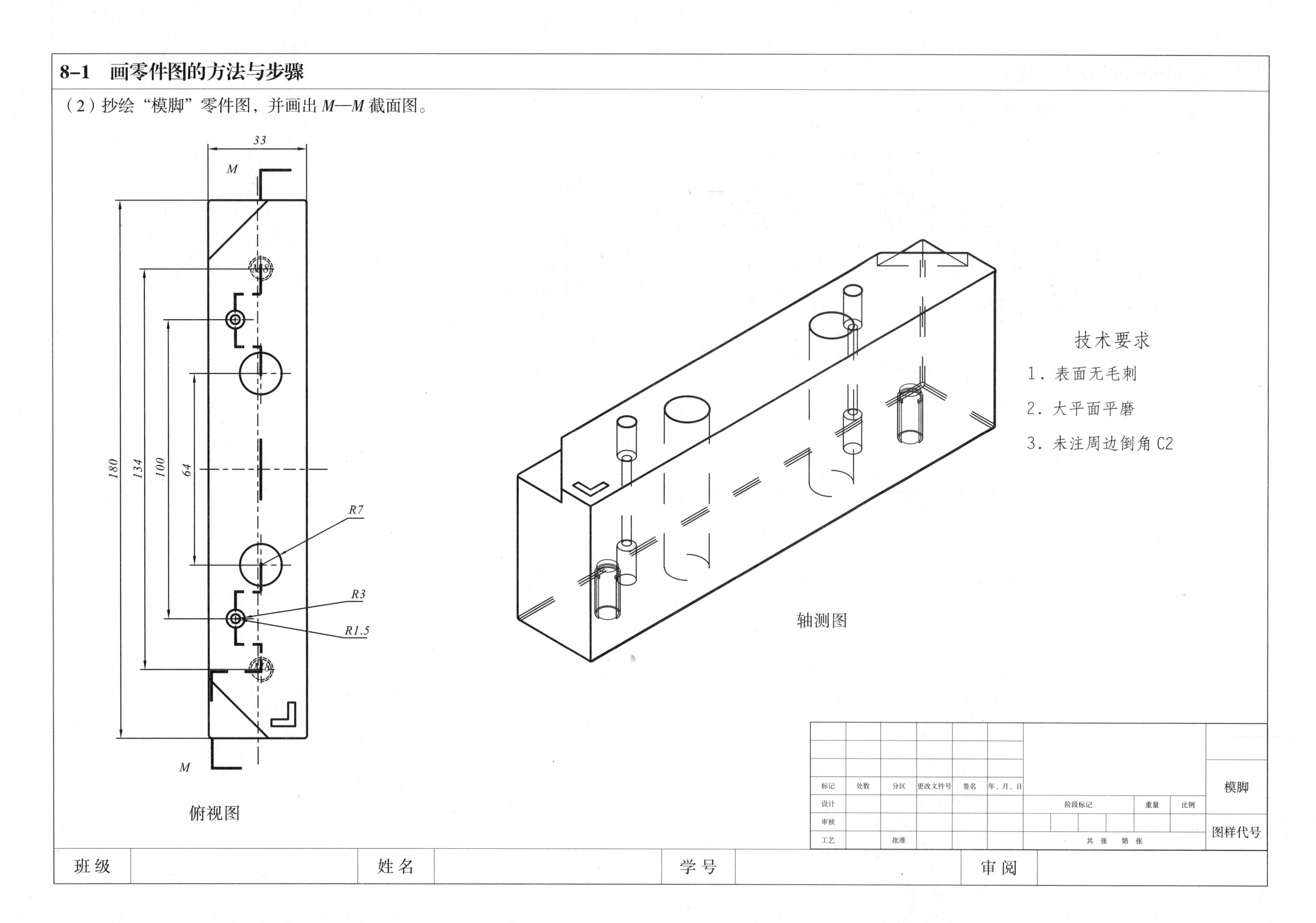

8-2　读零件图的方法与步骤

（1）读懂以下“端盖”零件图，并抄绘。

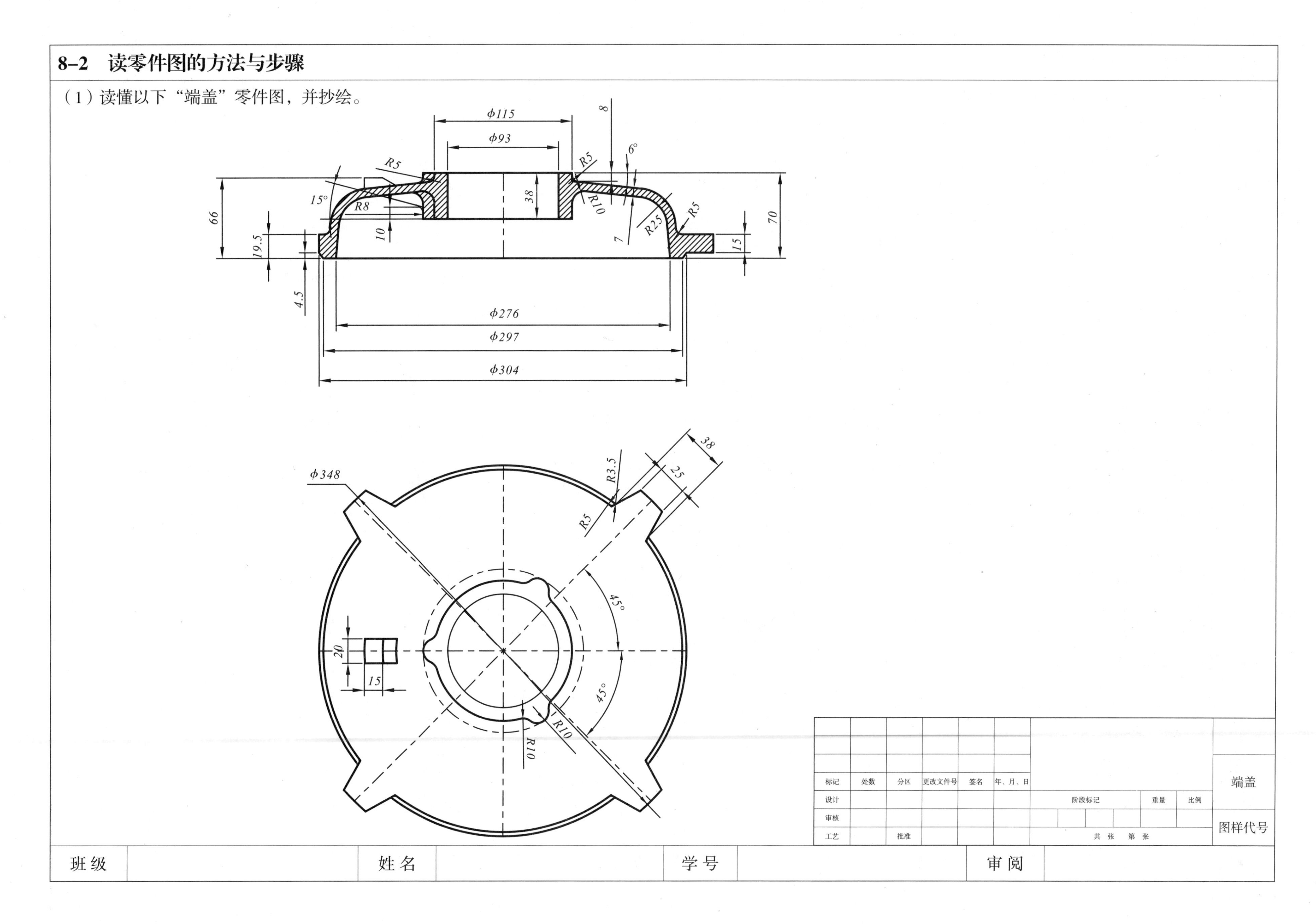

8-2 读零件图的方法与步骤

（2）读懂以下“大齿轮”零件图，并抄绘。

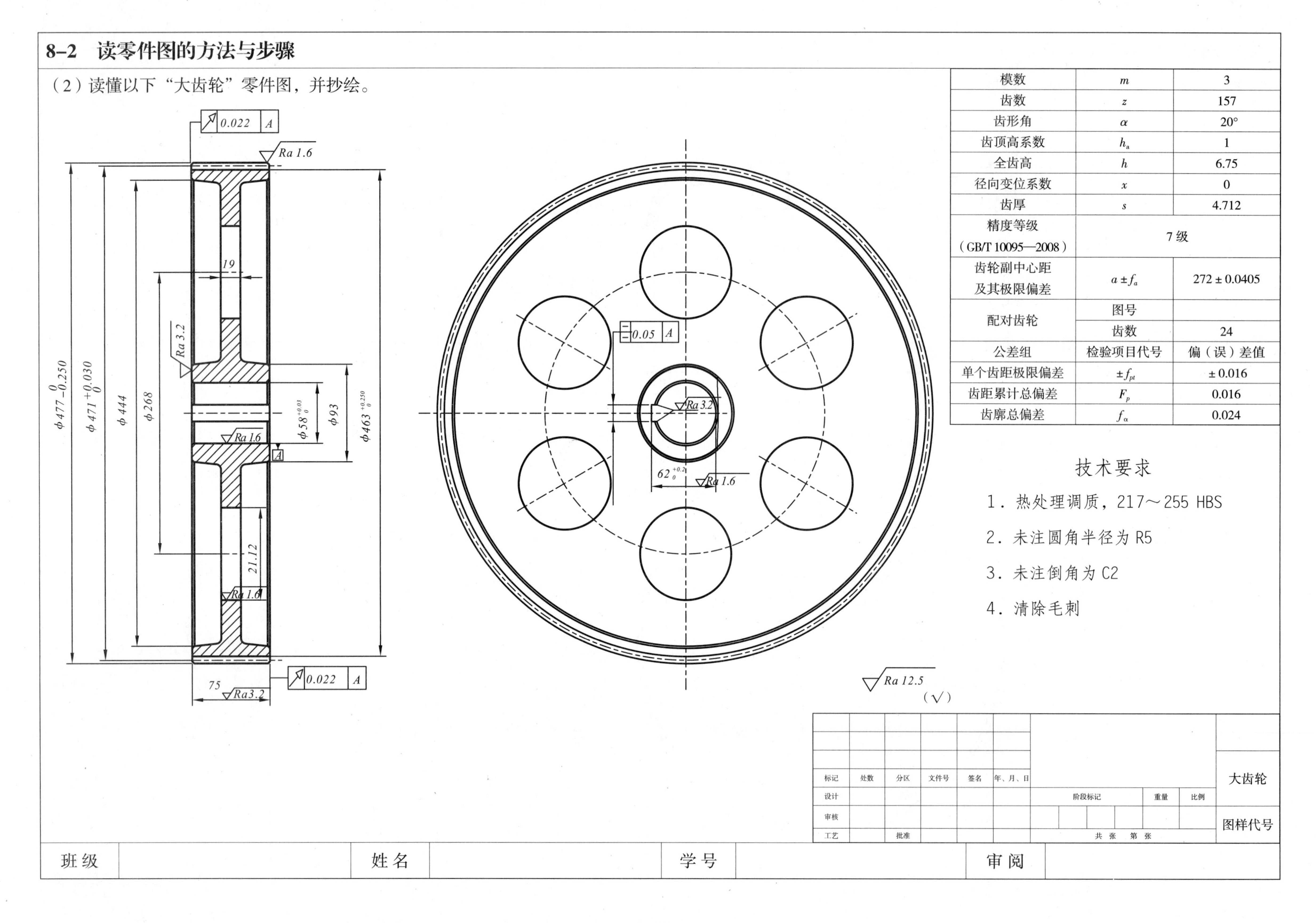

模数	m	3
齿数	z	157
齿形角	α	20°
齿顶高系数	h_a	1
全齿高	h	6.75
径向变位系数	x	0
齿厚	s	4.712
精度等级（GB/T 10095—2008）	7 级	
齿轮副中心距及其极限偏差	$a \pm f_a$	272 ± 0.0405
配对齿轮	图号	
	齿数	24
公差组	检验项目代号	偏（误）差值
单个齿距极限偏差	$\pm f_{pt}$	± 0.016
齿距累计总偏差	F_p	0.016
齿廓总偏差	f_α	0.024

技术要求

1. 热处理调质，217～255 HBS
2. 未注圆角半径为 R5
3. 未注倒角为 C2
4. 清除毛刺

班级		姓名		学号		审阅	

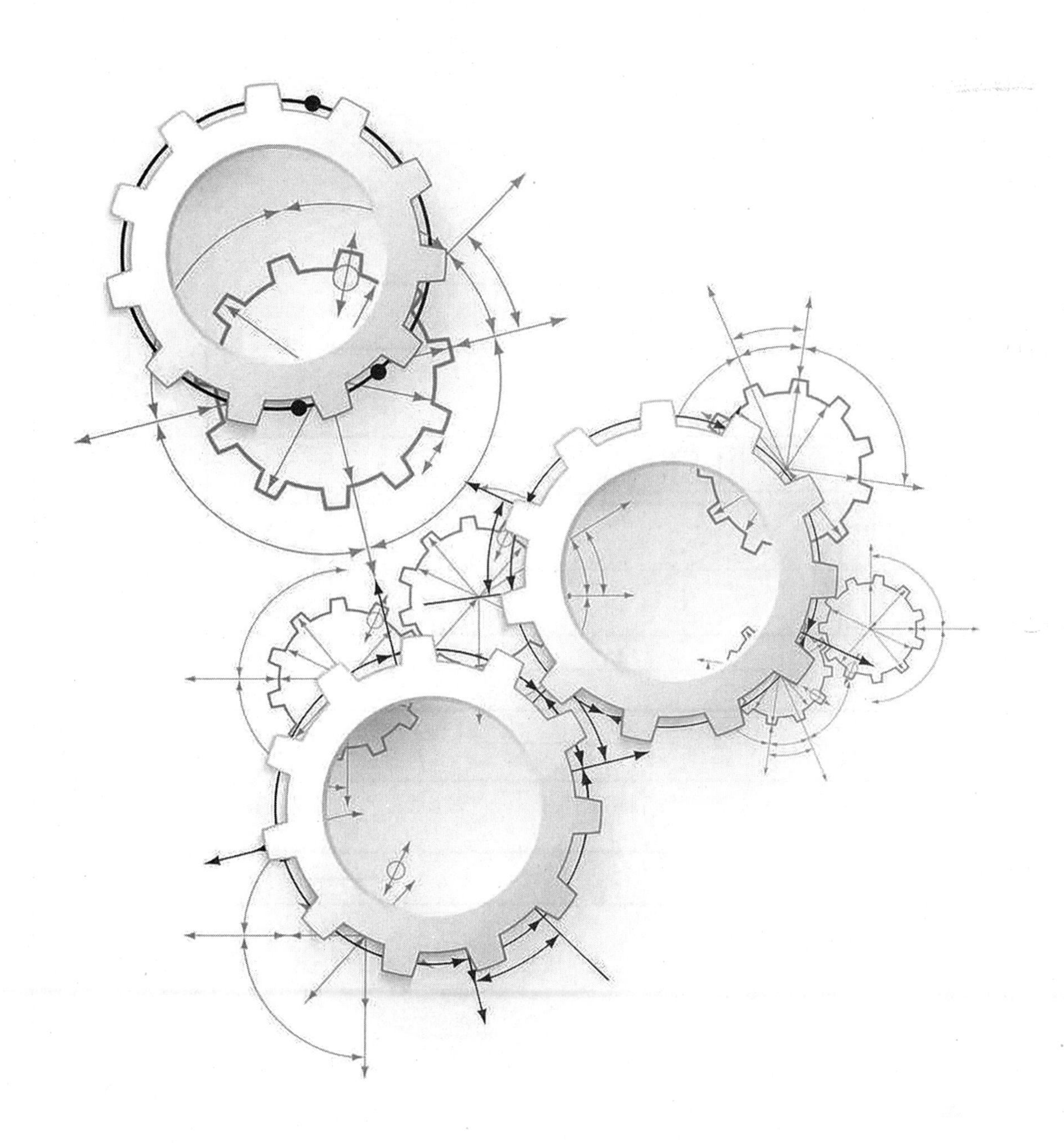

第9章　装配图

章节链接：

装配图是表示产品各组成部分的连接、装配关系及其技术要求的图样；是进行生产准备，制定装配工艺规程，进行装配、检验、安装与维修的技术依据；还是了解部件结构，进行技术交流的重要资料。在设计新产品、改进旧设备时，必须首先画出装配图，再根据装配图画出全部零件图。

本章练习对应《工程制图》教材第9章重点内容展开。

练习目标：

1. 掌握装配图的表达方法，能够合理安排、绘制装配图。
2. 掌握读装配图的一般步骤与拆画零件图的一般方法。

9-1 装配图的画法和步骤

（1）抄绘以下夹具装配图，并补全“名称”列。

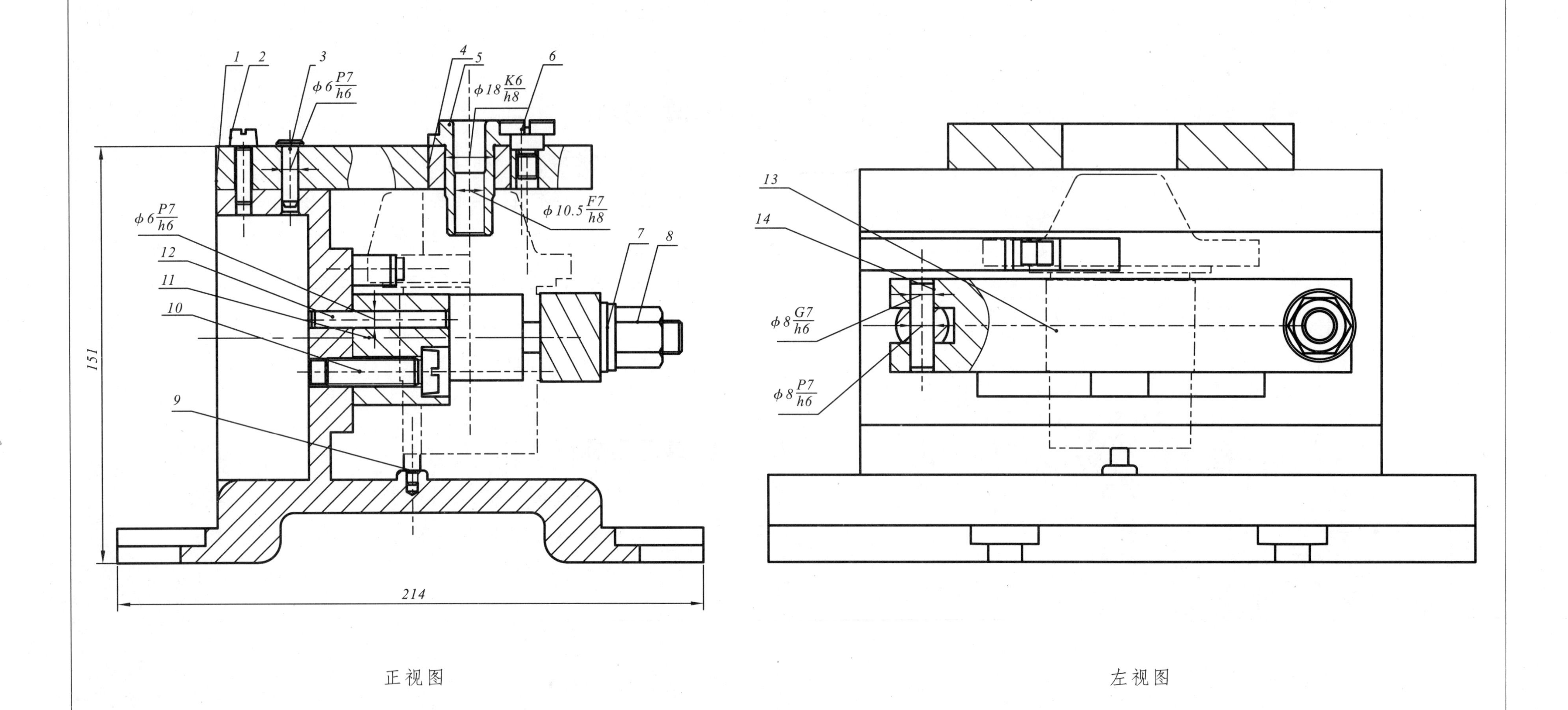

正视图　　　　左视图

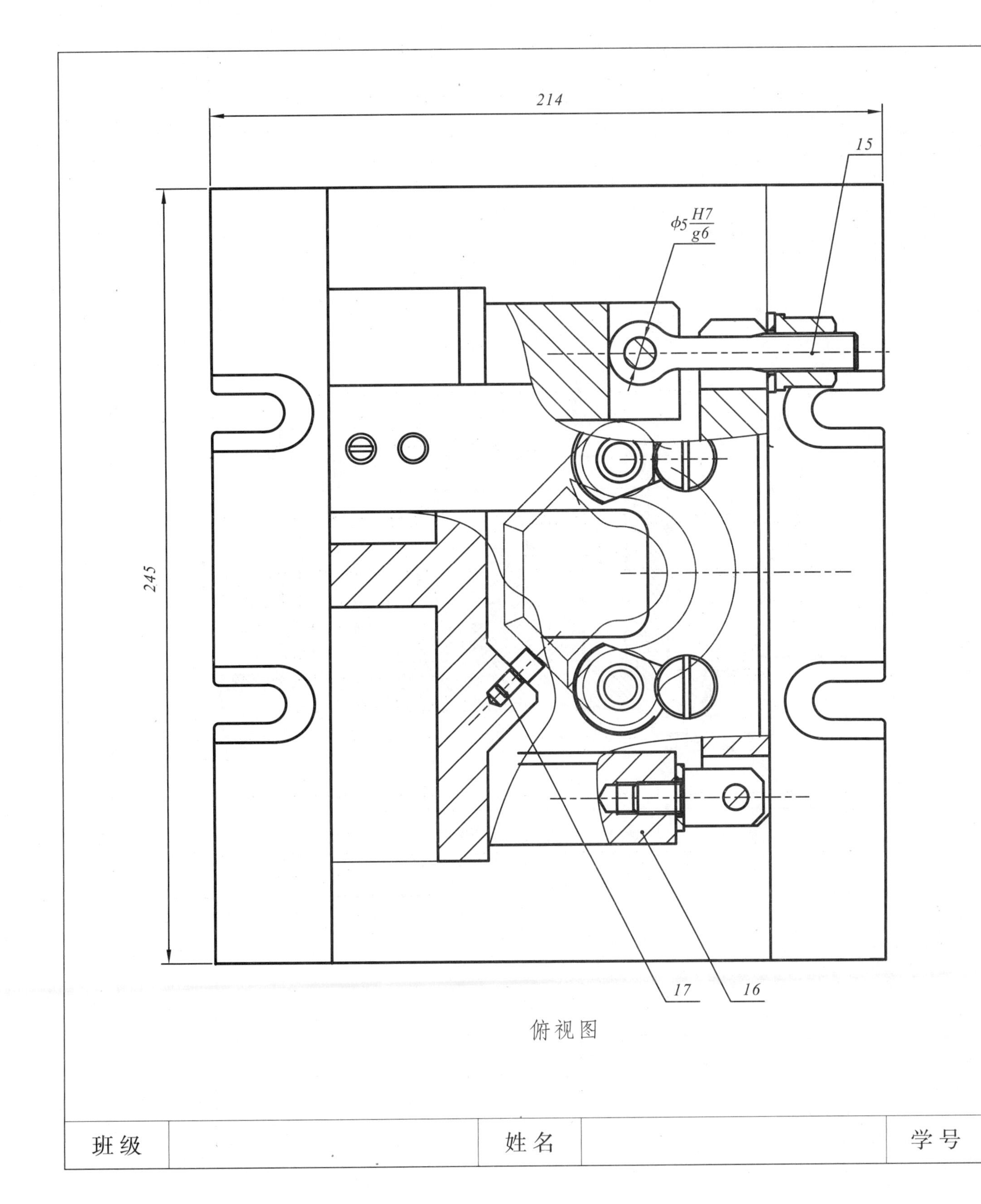

俯视图

技术要求

1. 零件在装配前必须清理和清洗干净，不得有毛刺、飞边、氧化皮、锈蚀、切屑、油污、着色剂和灰尘等
2. 装配前应对零部件1的主要配合尺寸，特别是过盈配合尺寸及相关精度进行复查
3. 钻套轴线与V形块定位表面平行度误差不大于0.05 mm

序号	标准及附注	名称	数量	材料
17	JB/T 8029.2—1999		1	T8
16	JB/T 8034—1999	铰链支座 12	1	45 钢
15	GB/T 798—2021	活节螺栓 M12 × 70	1	45 钢
14	GB/T 119. 1—2000	圆柱销 8 × 32	1	45 钢
13	JB/T 8010.14—1999			45 钢
12	GB/T 119. 1—2000	圆柱销 6 × 50	2	45 钢
11	JB/T 8018.1—1999	V 形块 55	1	20 钢
10	GB/T 67—2016	开槽盘头螺钉 M10 × 35	2	45 钢
9	JB/T 8029.2—1999	支承钉 A6 × 6	1	T8
8	JB/T 8004.1—1999		1	45 钢
7	JB/T 8006.1—1999	十字垫圈 M12	1	45 钢
6	JB/T 8045.5—1999		2	45 钢
5	JB/T 8045.3—1999	快换长钻套	2	T10A
4	JB/T 8045.4—1999	钻套用衬套 A18 × 16	2	T10A
3	GB/T 882—2000		2	钢
2	GB/T 67—2016	开槽盘头螺钉	2	45 钢
1		钻模板	1	HT-200

夹具		比　例	
		第　张	共　张
制图		（厂名）	图　号
审核			

班级		姓名		学号		审阅	

9-2 读装配图和拆画零件图

（1）读懂该“夹具体”装配图，并拆画零件 1。

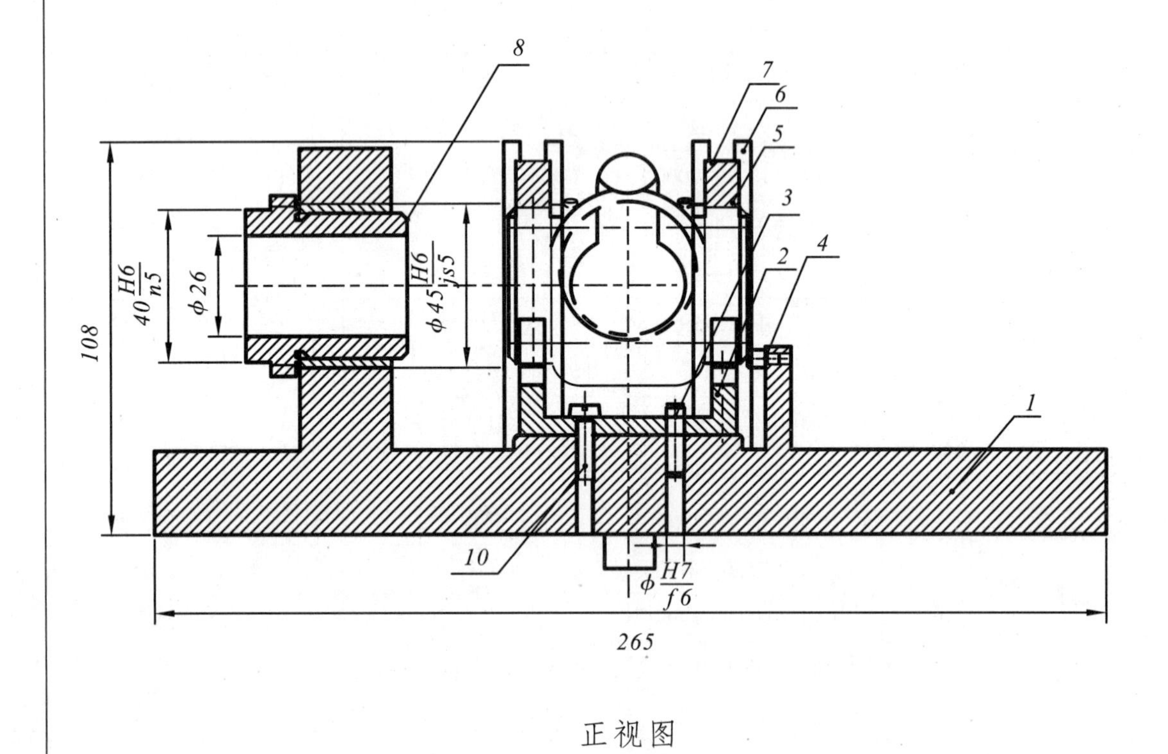

正 视 图

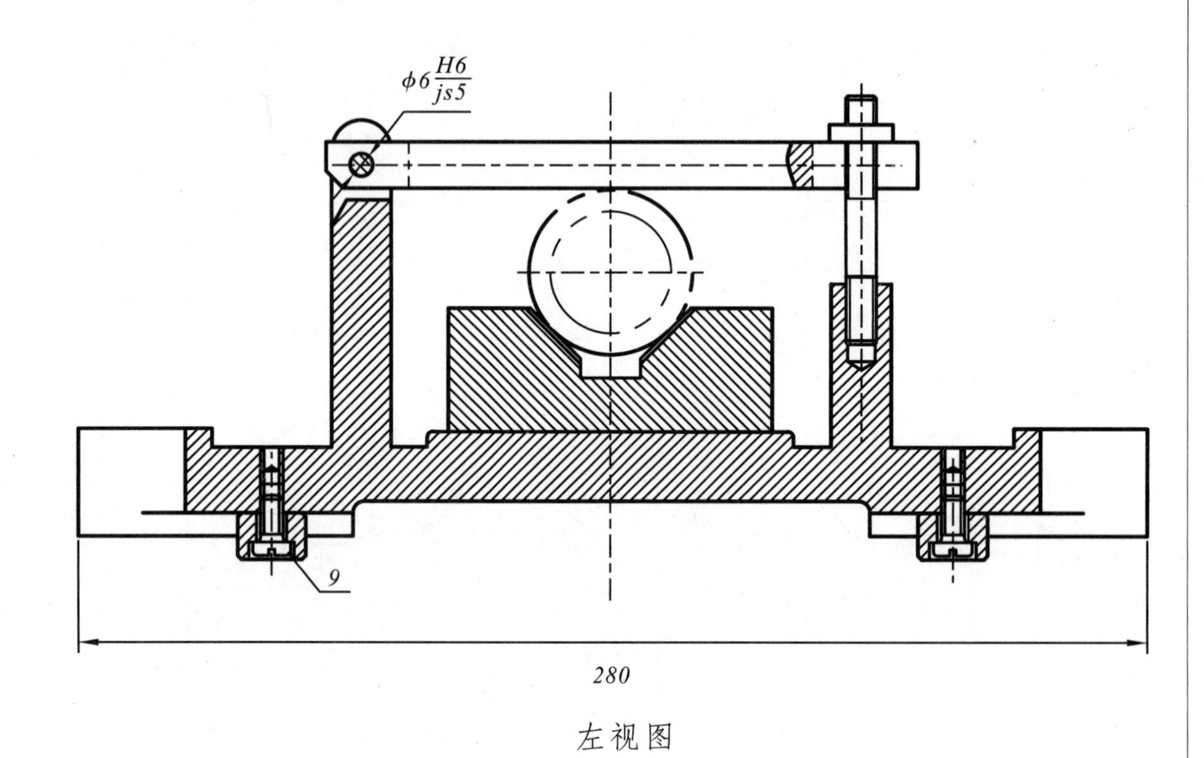

左 视 图

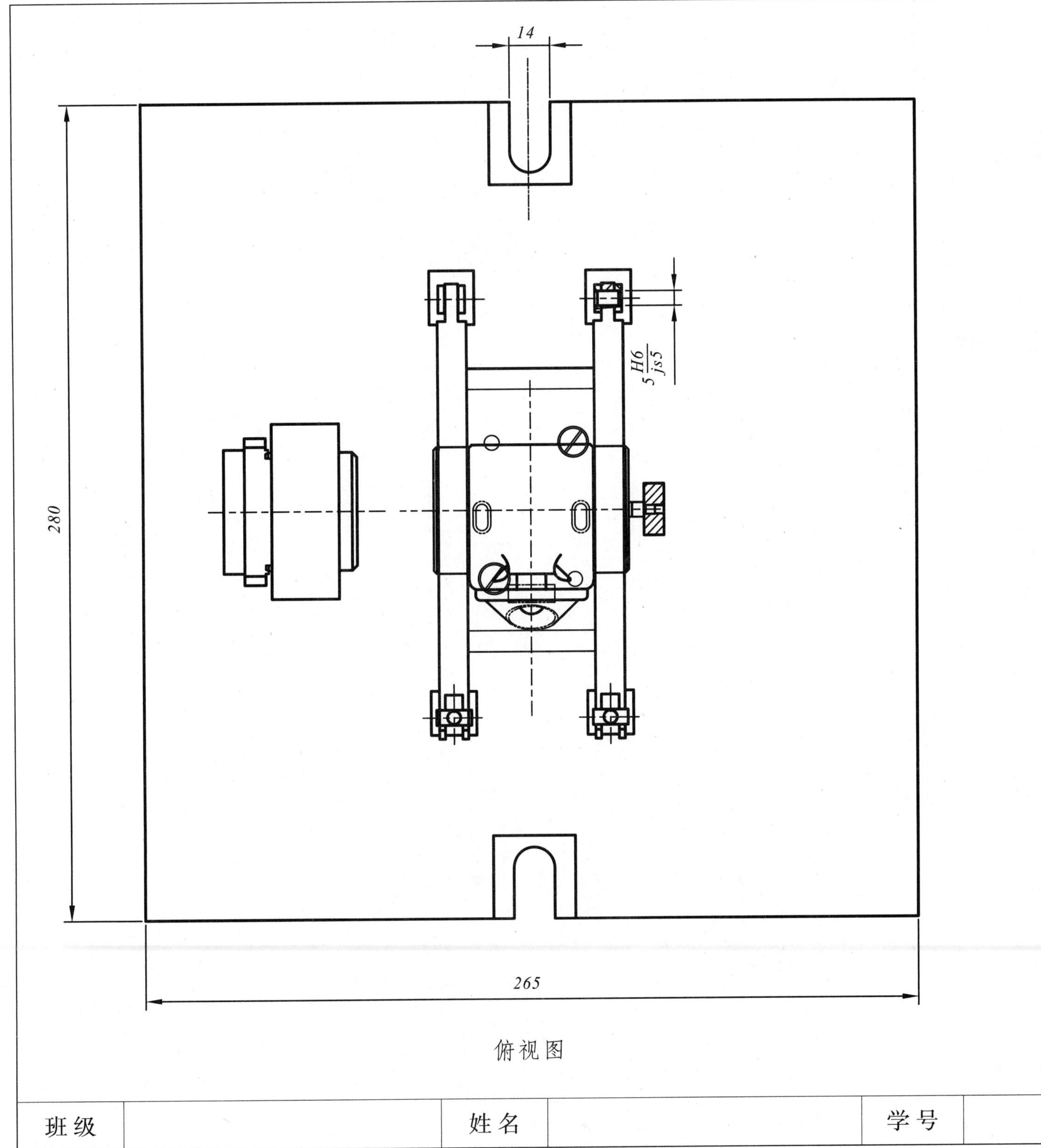

俯视图

技术要求

1. 零件在装配前必须清理和清洗干净，不得有毛刺、飞边、氧化皮、锈蚀、切屑、油污、着色剂和灰尘等
2. 装配前应对零、部件的主要配合尺寸，特别是过盈配合尺寸及相关精度进行复查
3. 圆柱销与定位心轴对夹具体底面的平行度误差不大于 0.02 mm
4. 钻套轴线与定位心轴垂直度误差不大于 0.05 mm

序号	标准及附注	名称	数量	材料
10	GB/T 821—2018	方头平端紧定螺钉	2	钢
9	GB/T 65—2016	开槽圆柱头螺钉	2	钢
8	JB/T 8046.1—1999	A 型镗套 A20×25×20	1	20 钢；HT200
7	GB/T 41—2016	六角螺母-C 级 M16	4	钢
6	GB/T 95—2002	平垫圈-C 级 10	2	钢
5	JB/T 8010.14—1999	A 型铰链压板 A6×70	4	45 钢
4	JB/T 8029. 2—1999	A 型支承钉 A5×5	1	T8
3	GB/T 119.1—2000	圆柱销	1	不淬硬钢和奥氏体不锈钢 6×24
2	GB/T 2804—2008	V 型支承	1	HT300
1	JB/T 8044—1999	夹具体	1	HT200

夹具体装配图		比　例	
		第　张	共　张
制图		（厂名）	图　号
审核			

班级		姓名		学号		审阅	

9-2　读装配图和拆画零件图

（2）阅读并抄绘该装配图。

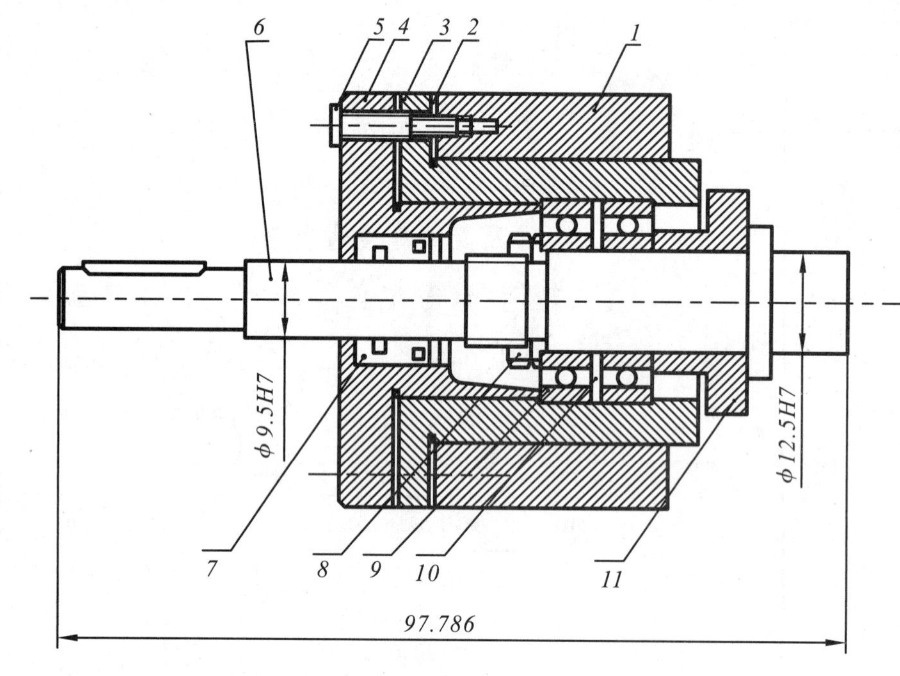

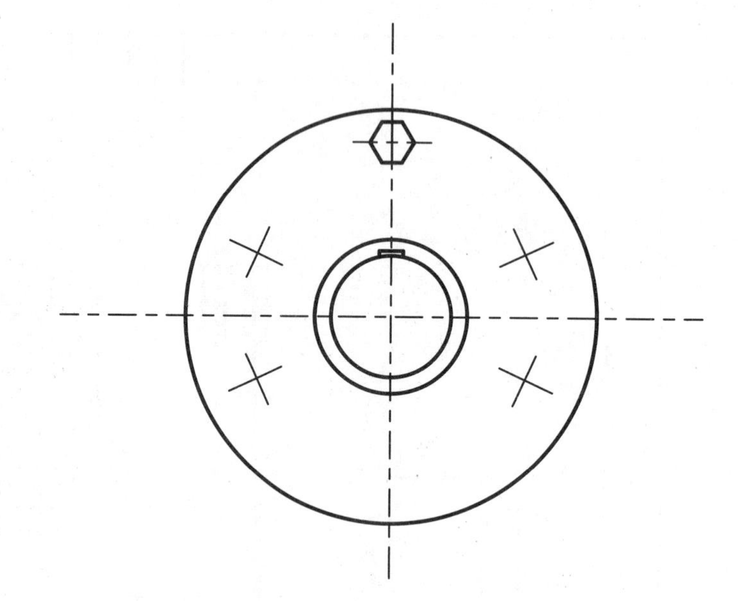

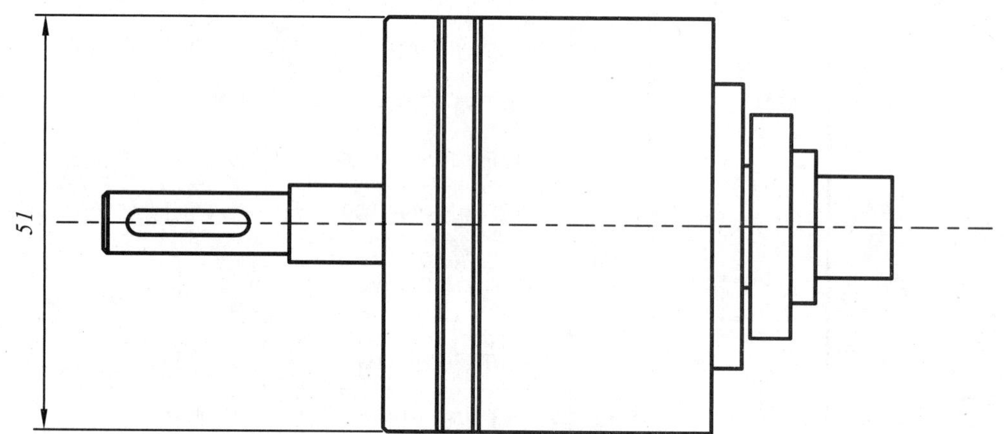

技术要求

1．装配前，轴承用汽油清洗，其余零件用煤油清洗

2．调整、固定轴承时应留有轴向间隙

3．按试验规程进行试验

4．箱体内壁涂耐油油漆，减速器外表面涂灰色油漆

11	套杯	1	钢	
10	轴套	1	钢	
9	轴承	2	钢	
8	减震垫片	2	45 钢	
7	密封圈	1	聚四氯乙烯	
6	轴	1	钢	
5	螺母 M10	1	45 钢	GB/T 6170—2000
4	凸缘式端盖	1	45 钢	
3	套环	1	45 钢	
2	垫片	2	45 钢	
1	端盖	1	45 钢	
序号	名称	数量	材料	标准及附注

减速器轴系		比　例	
		第　张	共　张
制图	（厂名）	图　号	
审核			

班级		姓名		学号		审阅	

9-2 读装配图和拆画零件图

（3）阅读并抄绘该装配图。

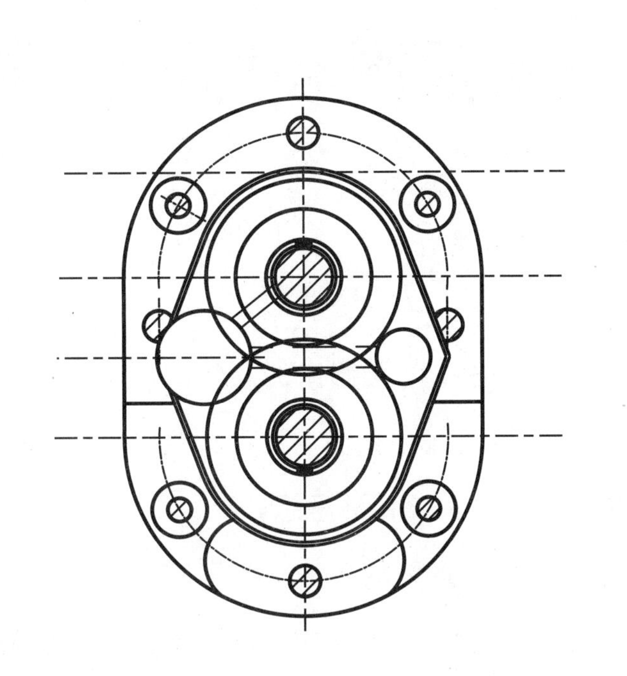

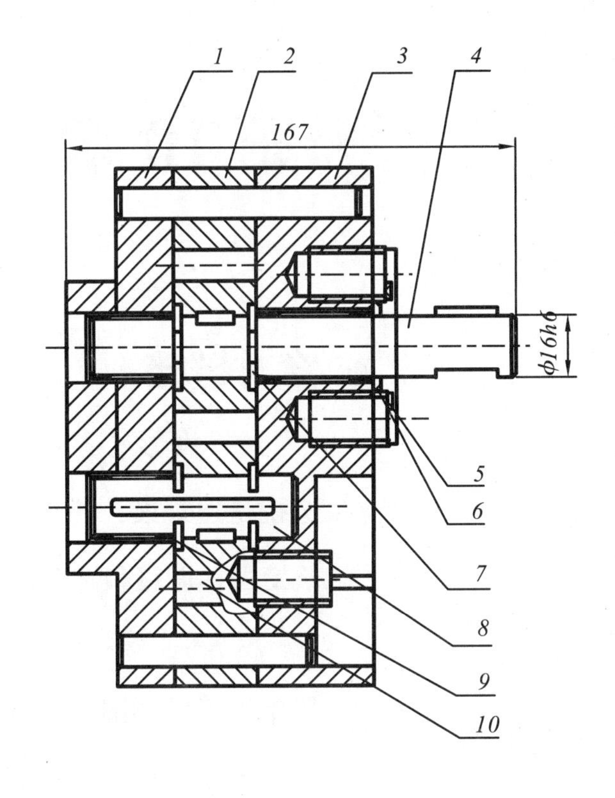

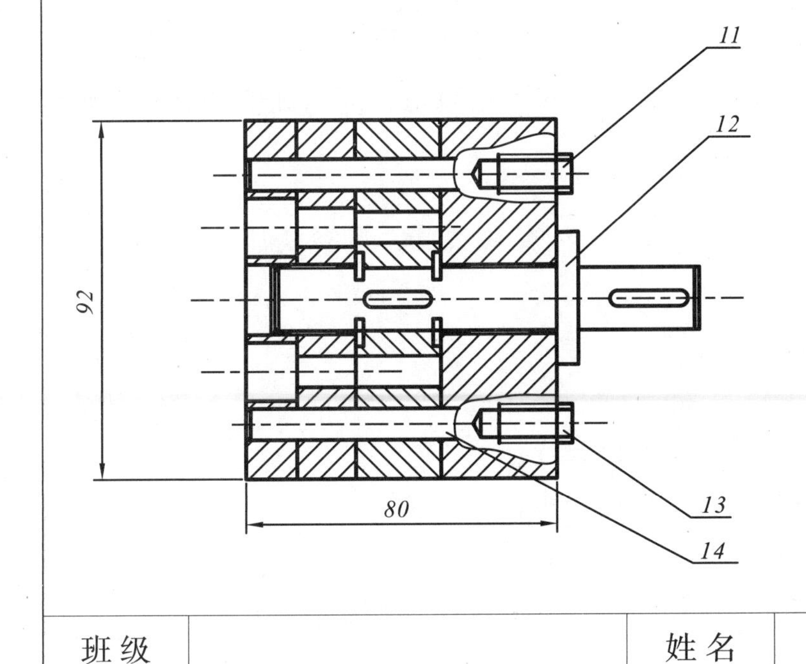

技术要求

1. 装配前，所有零件需用煤油清洗，滚动轴承用汽油清洗，箱内不允许有任何杂物，内壁用耐油油漆涂刷两次
2. 齿轮啮合侧隙用铅丝检验，其侧隙值不小于 0.105 mm
3. 滚动轴承 6202、6205 的轴向调整游隙均为 0.5～0.1 mm

14	定位销	2	钢	JB/T 8014—1999
13	螺母	4	钢	GB/T 6170—2000
12	挡板	1	45 钢	
11	螺钉 M8	1	钢	BG/T 15856—2002
10	推油杆	1	45 钢	
9	轴头环片	2	钢	
8	齿轮轴 2	2	钢	
7	防油塞	1	45 钢	
6	垫片	1	45 钢	
5	轴环	1	钢	
4	齿轮轴 1	1	45 钢	
3	底盖	1	HT200	
2	连盖	1	45 钢	
1	端盖	1	45 钢	
序号	名称	数量	材料	标准及附注

二级减速泵			比　例	
			第　张	共　张
制图		（厂名）	图　号	
审核				

班级		姓名		学号		审阅	

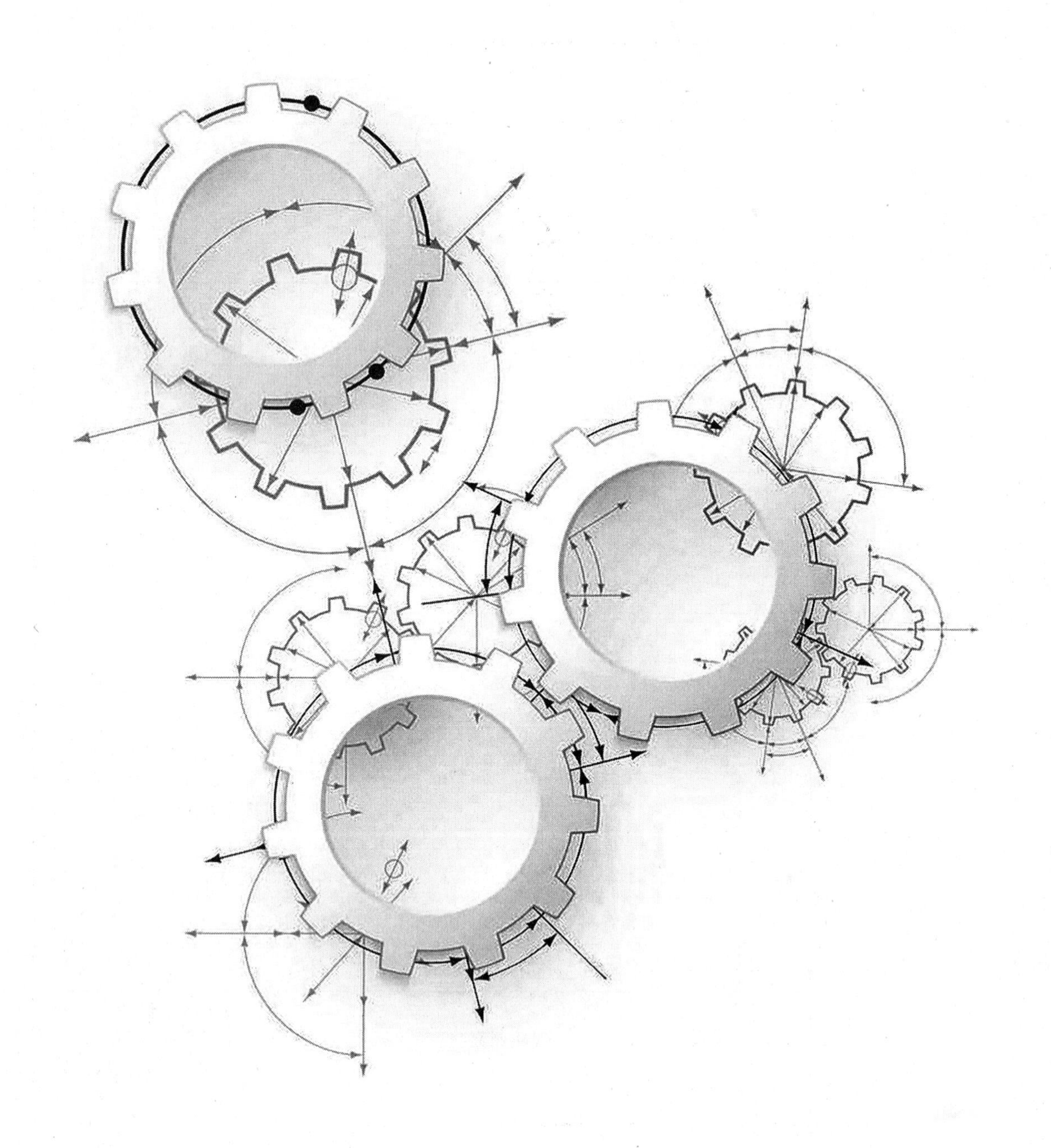

第 10 章　透视投影和标高投影

章节链接：

透视投影或透视图是指用中心投影法画出来的立体图，简称透视。透视是建筑设计的一种重要的辅助手段，其便于设计人员进一步研究建筑造型，调整和修改设计方案，以及交流设计思想。

用水平投影结合标注高度来表示形体的方法称为标高投影法，所得的单面正投影图称为标高投影图。在地形问题中，由于地面是不规则曲面，因此常用一组等间隔的水平面去截切地面，如此得到的一组水平截交线其上各点都有相同的高度，称为等高线。将这些等高线投射到水平投影面（基准面）上，并标出它们各自的标高，即得到地面的标高投影图，也称为地形图。

本章练习对应《工程制图》教材第 10 章重点内容展开。

练习目标：

1. 掌握平面的透视原理与方法。
2. 掌握透视图中高度的确定方法。
3. 掌握建筑物透视图的作法。
4. 掌握点、直线、平面、平面交线等的标高投影的作法。

10-1 透视投影

（1）作出基面上方网格的透视图。

p p
ss_p=60
h s' h
o s_p x

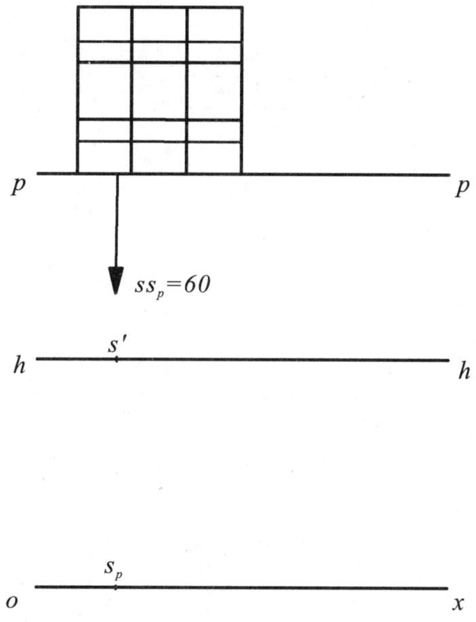

（2）作出基面上方网格的透视图。

h s' h
x o
X Y 3 2 1 O 4 5 6 7 30° 60°
p 3_p 2_p 1_p s_p 4_p 5_p 6_p 7_p p
s

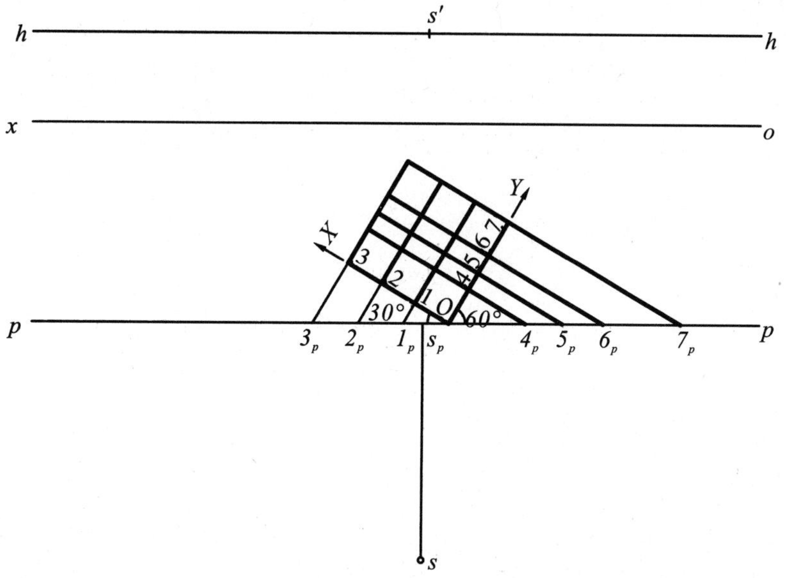

（3）已知 *A* 处树高 3 m，*B* 处树高 2 m，*C* 处树高 5 m，画出 *B*、*C* 处的树。

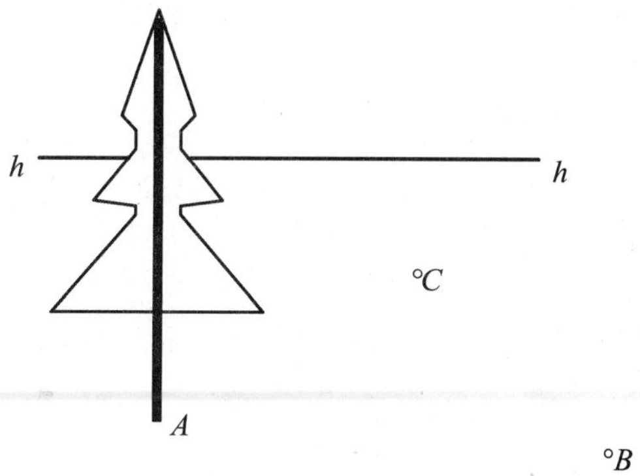

h h
C
A
B

（4）作出房屋的透视图。

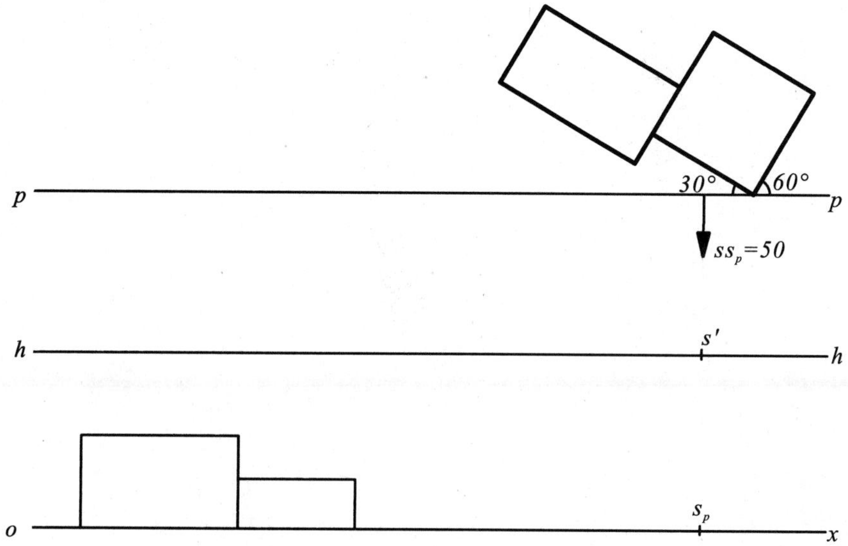

30° 60°
p p
ss_p=50
h s' h
o s_p x

班级		姓名		学号		审阅	

10–2　标高投影

（1）已知直线的端点 A 的标高 a_{25}，直线的方向和坡度为 1 ∶ 1.5，求作直线上高程为 17 m 的点 B 的投影和直线上点 C 的高程。

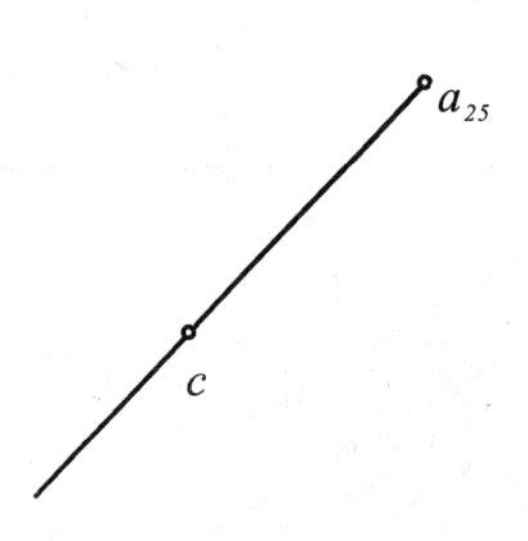

0 2 4 6 8 m

（2）已知平面上一条等高线的标高投影和平面的坡度为 1 ∶ 1.5，求作平面上高程为 11 m、10 m、9 m、8 m 的等高线。

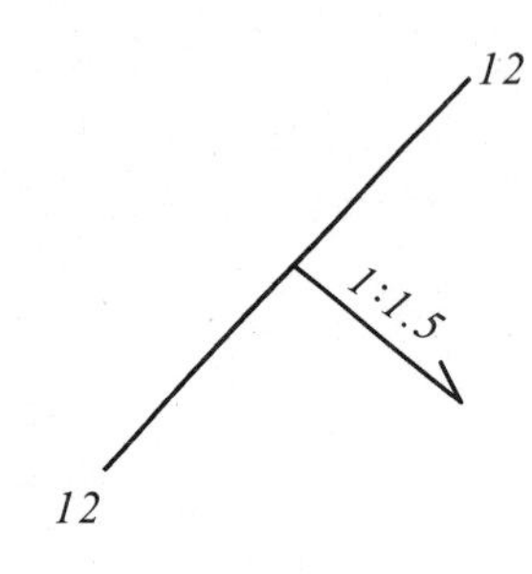

0 2 4 6 8 m

（3）已知直线 ABD 的标高投影，试求直线上整数高程点的标高投影和直线的坡度。

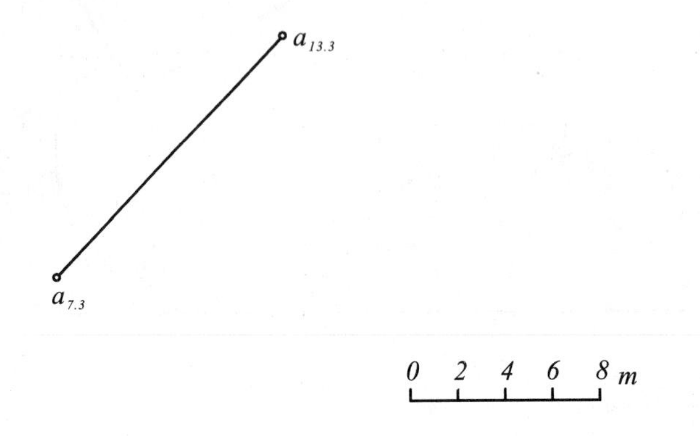

（4）已知三角形 ABC 的平面标高投影，求作平面上整数高程的等高线、平面上过点 A 的坡度线、平面的坡度。

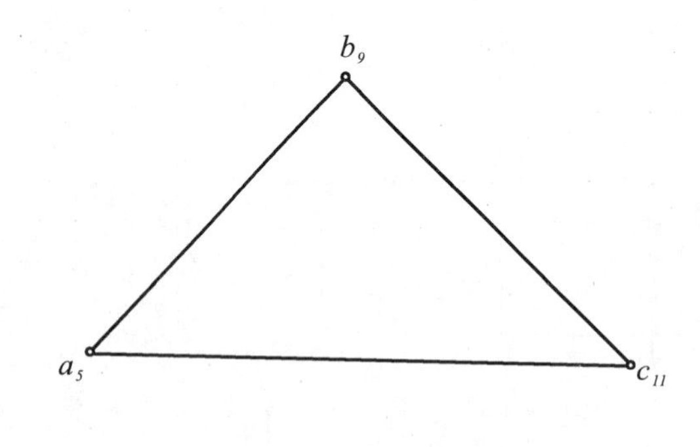

0 2 4 6 8 m

班级		姓名		学号		审阅	

10–2 标高投影

（5）已知堤顶位置及高程，堤两侧坡面的坡度为 1∶1.5。地面高程为 10 m，求作两侧坡面与地面的交线（坡脚线），并在坡面上自点 a_{16} 作一坡度为 1∶2.5 的直线，作为上堤小路的位置。

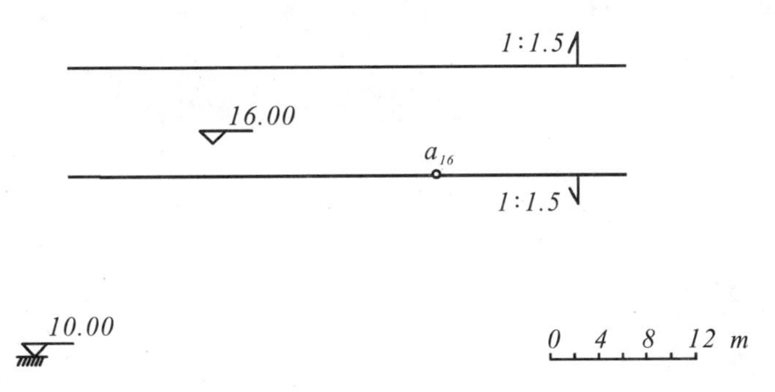

（6）已知平面上一条等高线的标高投影和平面的坡度为 1∶1.5，求作平面上高程为 11 m、10 m、9 m、8 m 的等高线。

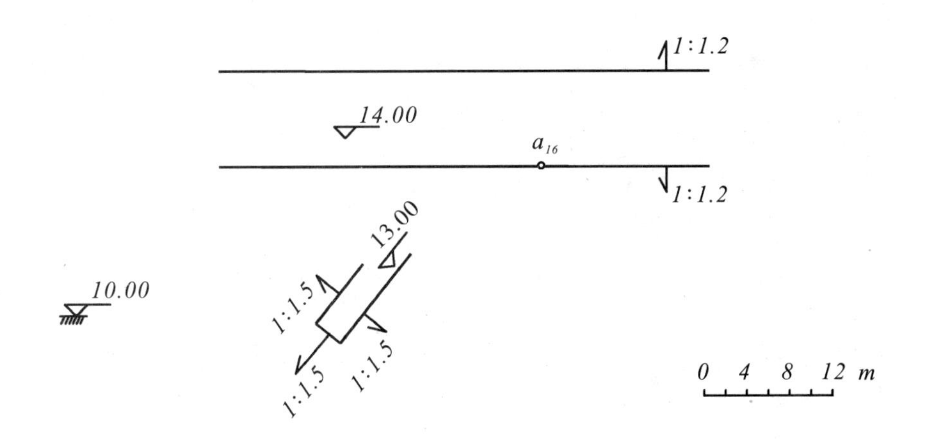

（7）已知平台高程为 25 m，地面高程为 22 m，各坡面的坡度如图所示，求作坡面与地面、坡面与坡面之间的交线。

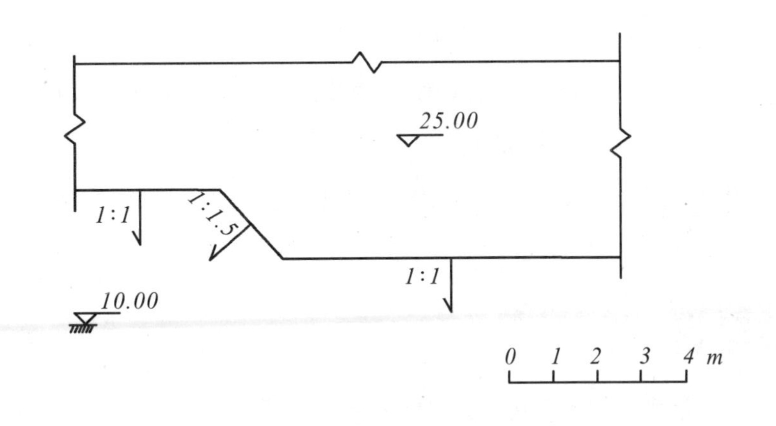

（8）已知坡度为 1∶1.5 和 1∶1.2 的两平面的标高投影，求作其交线。

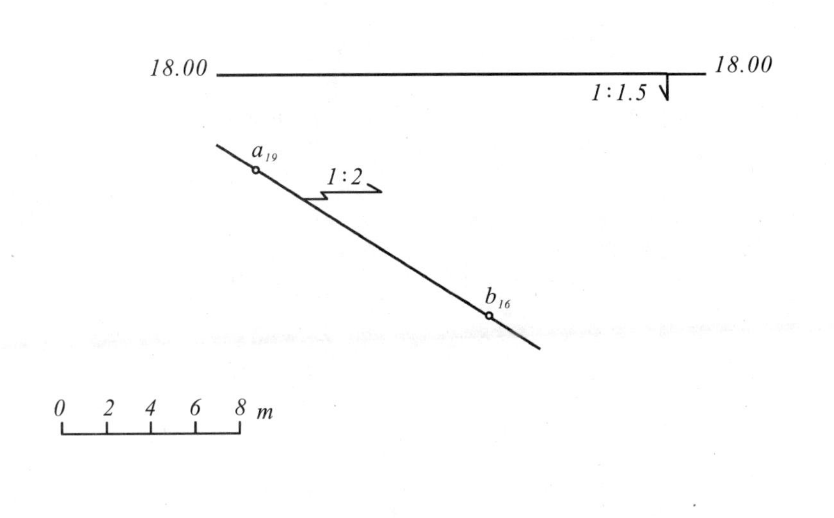

班级		姓名		学号		审阅	

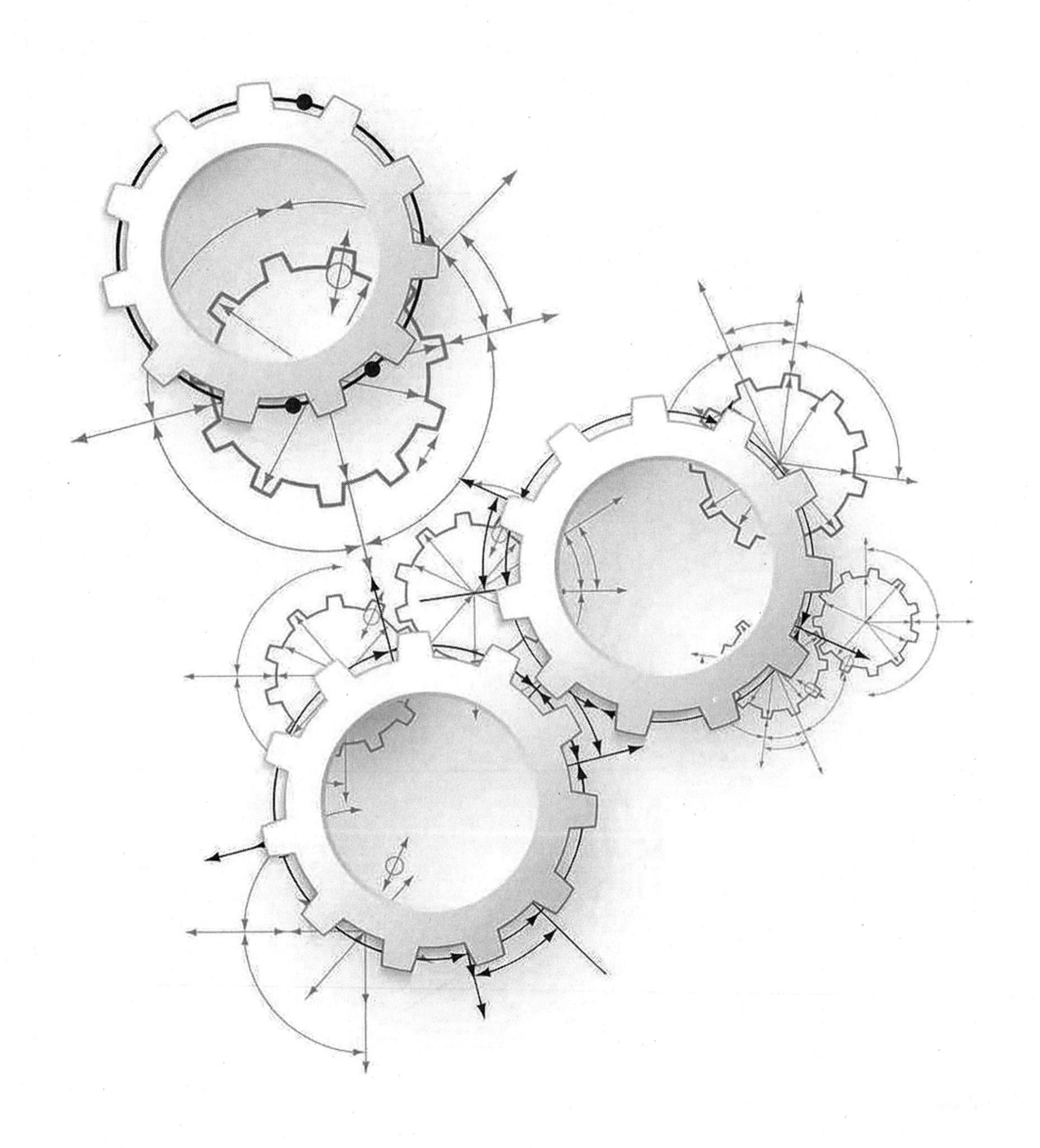

第 11 章　钢筋混凝土结构图与房屋建筑图

章节链接：

钢筋混凝土结构图是表达钢筋混凝土构件形状、大小、配筋数量和形式，以及构件的布局、连接等的图样。传统的钢筋混凝土结构图包括结构构件图（有时简称为“钢筋图”）和结构布置图。在建筑结构施工图平面整体设计方法（简称“平法”）的改革下，结构构件的尺寸和配筋等可按照平面整体表示方法制图规则直接表达在各类构件的结构平面布置图上。

房屋建筑图，即房屋施工图，是为满足施工的具体要求而提供的一套完整反映建筑物整体及各细部构造和结构的图样，以及有关的技术资料，是建筑施工的主要依据。为使图样规范划一、清晰简明，满足设计、施工、存档的要求，房屋施工图必须统一遵守国家有关职能部门制定的制图标准中的有关规定。

本章练习对应《工程制图》教材第 11、12 章重点内容展开。

练习目标：

1. 认识钢筋与钢筋混凝土构件图例。
2. 熟练掌握绘制钢筋详图、配筋平面图、建筑平面图、建筑详图的方法。

11-1 钢筋混凝土的基本知识

（1）补齐相应牌号的钢筋信息。

表 1 普通钢筋的种类和符号

牌号	符号	公称直径	屈服强度	极限强度
HPB300				
HRB335				
HRBF335				
HRB400				
HRBF400				
RRB400				
HRB500				
HRBF500				

（2）补齐相应混凝土保护层最小厚度信息。

表 2 混凝土保护层最小厚度

环境类别	板、墙、壳	梁、柱子
一		
二 a		
二 b		
三 a		
三 b		

班级		姓名		学号		审阅	

11–2 钢筋混凝土的结构图示方法

（1）解释钢筋混凝土结构图中下列图例和例图的含意。

图例、例图	解释
双层配筋墙体立面图中的钢筋	
平面中的双层钢筋	

（2）标出梁中钢筋的编号，并画出各编号钢筋详图（只画形状）。

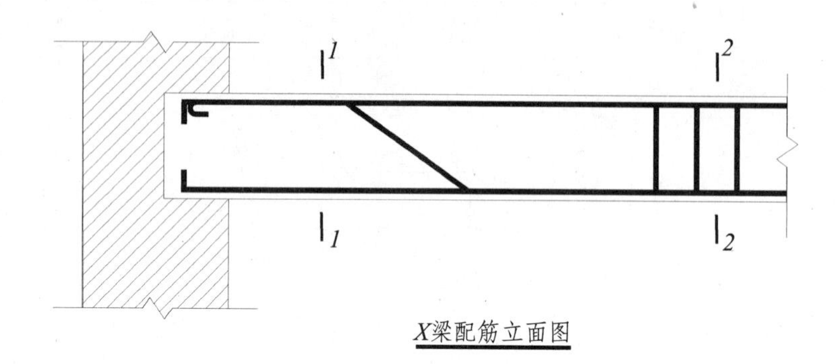

X梁配筋立面图

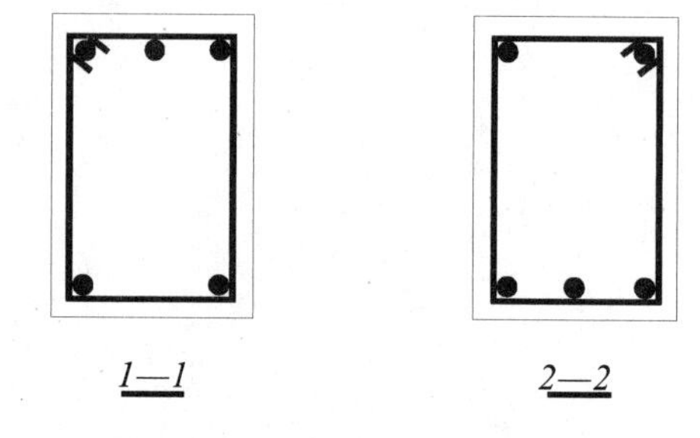

班级		姓名		学号		审阅	

11-3 建筑平面图

（1）已知某楼层楼板配筋图的对称图，用 AutoCAD 在 A3 幅面内按 1∶100 的比例补齐另一侧图纸，绘制成完整的平面图。

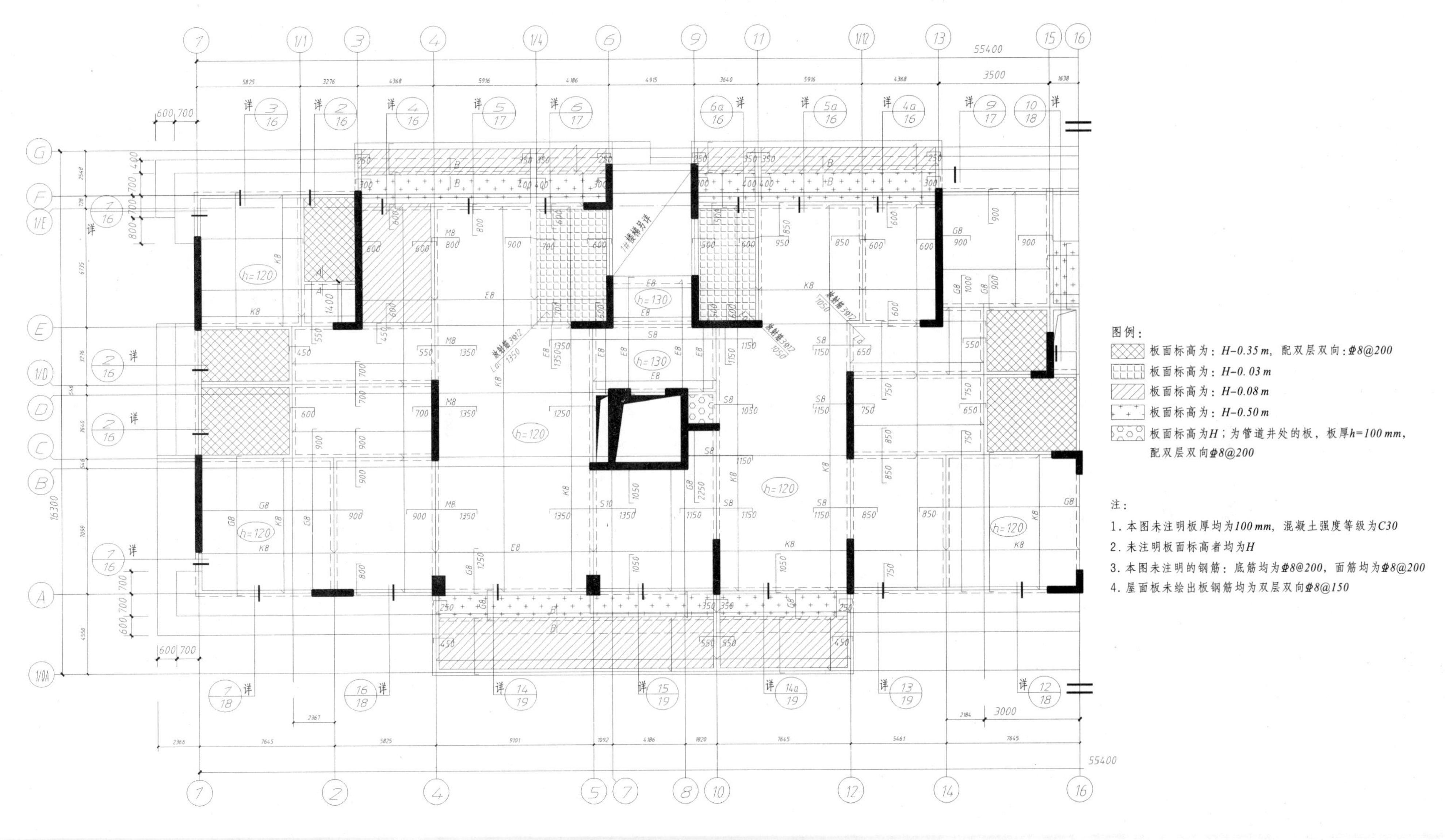

某办公楼第十层板配筋平面图 1:200 H=28.450

班级		姓名		学号		审阅	

11-3 建筑平面图

（2）已知首层平面图，用 AutoCAD 在 A2 幅面内按 1：100 的比例绘制。

首层平面图 1:200

班级		姓名		学号		审阅	

11-3　建筑平面图

（3）已知标准层的对称图，用 AutoCAD 在 A2 幅面内按 1：100 的比例补齐另一侧图纸，绘制成完整的平面图。

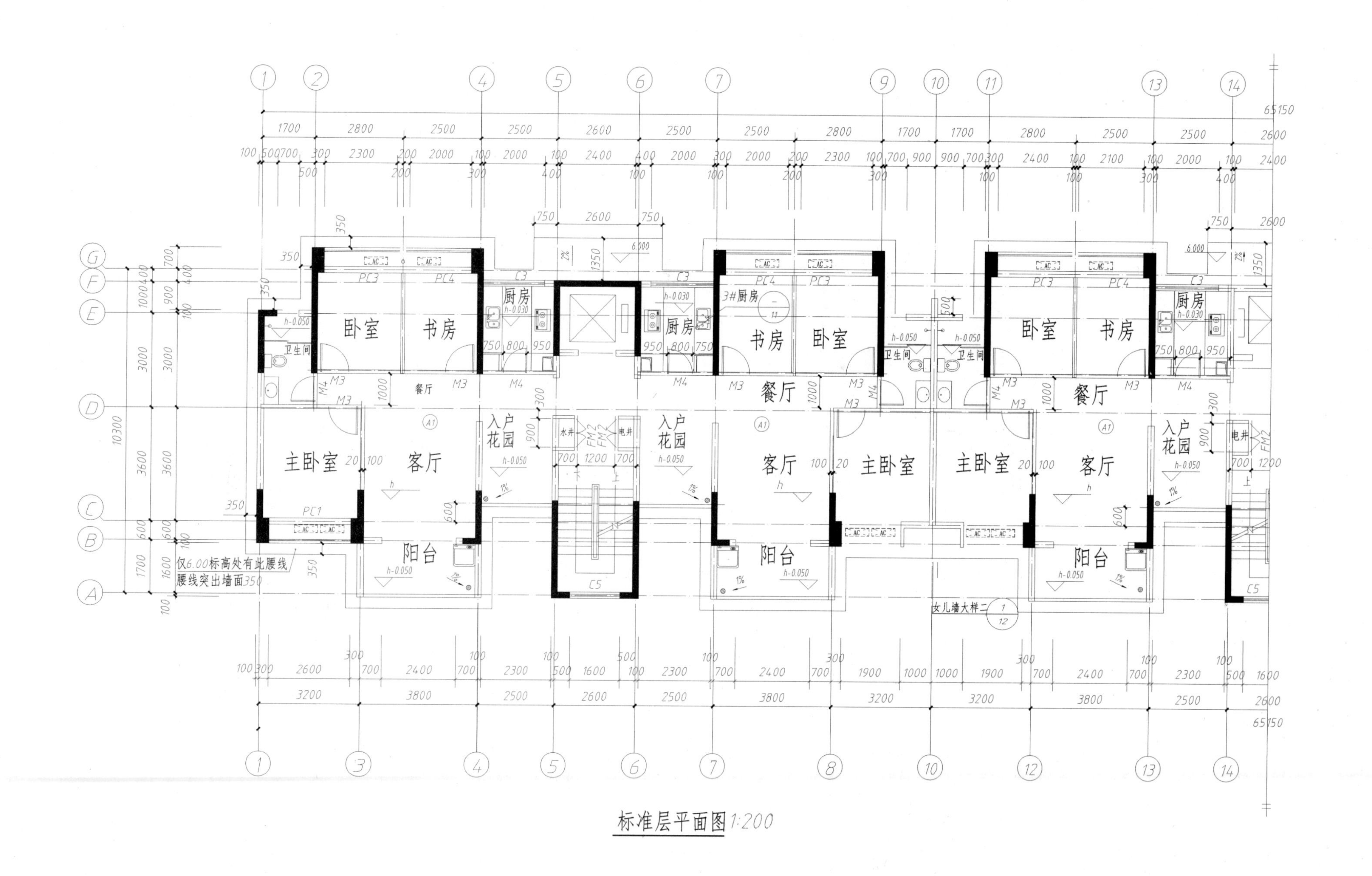

标准层平面图1:200

班级		姓名		学号		审阅	

11–3　建筑平面图

（4）已知屋顶层平面图的对称图，请用 AutoCAD 在 A2 幅面内按 1：100 的比例补齐另一侧图纸，绘制成完整的平面图。

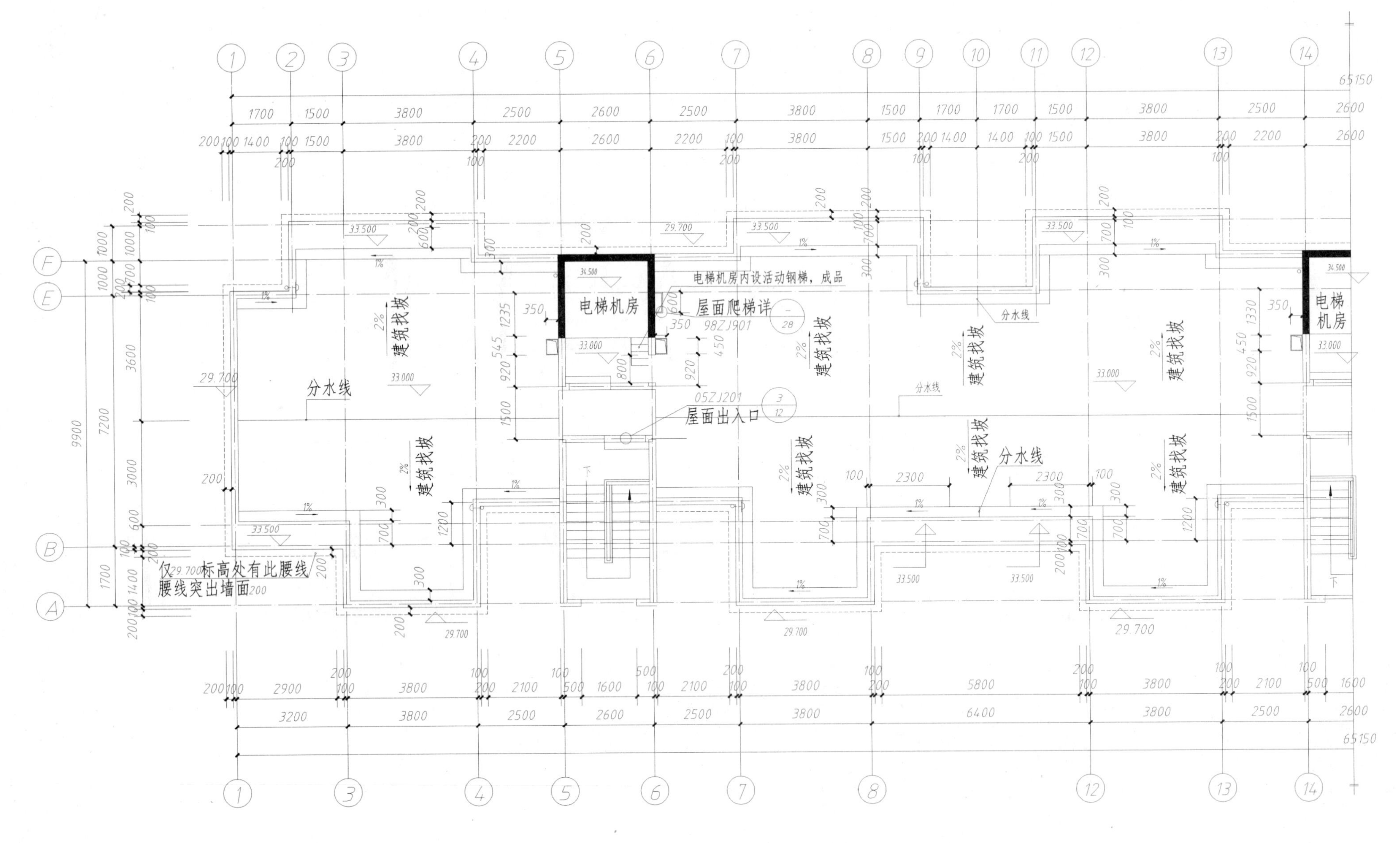

屋顶层平面图 1:200

班级		姓名		学号		审阅	

11-4 建筑详图

用 AutoCAD 在 A4 幅面内按 1：25 的比例绘制如下两种类型的女儿墙。

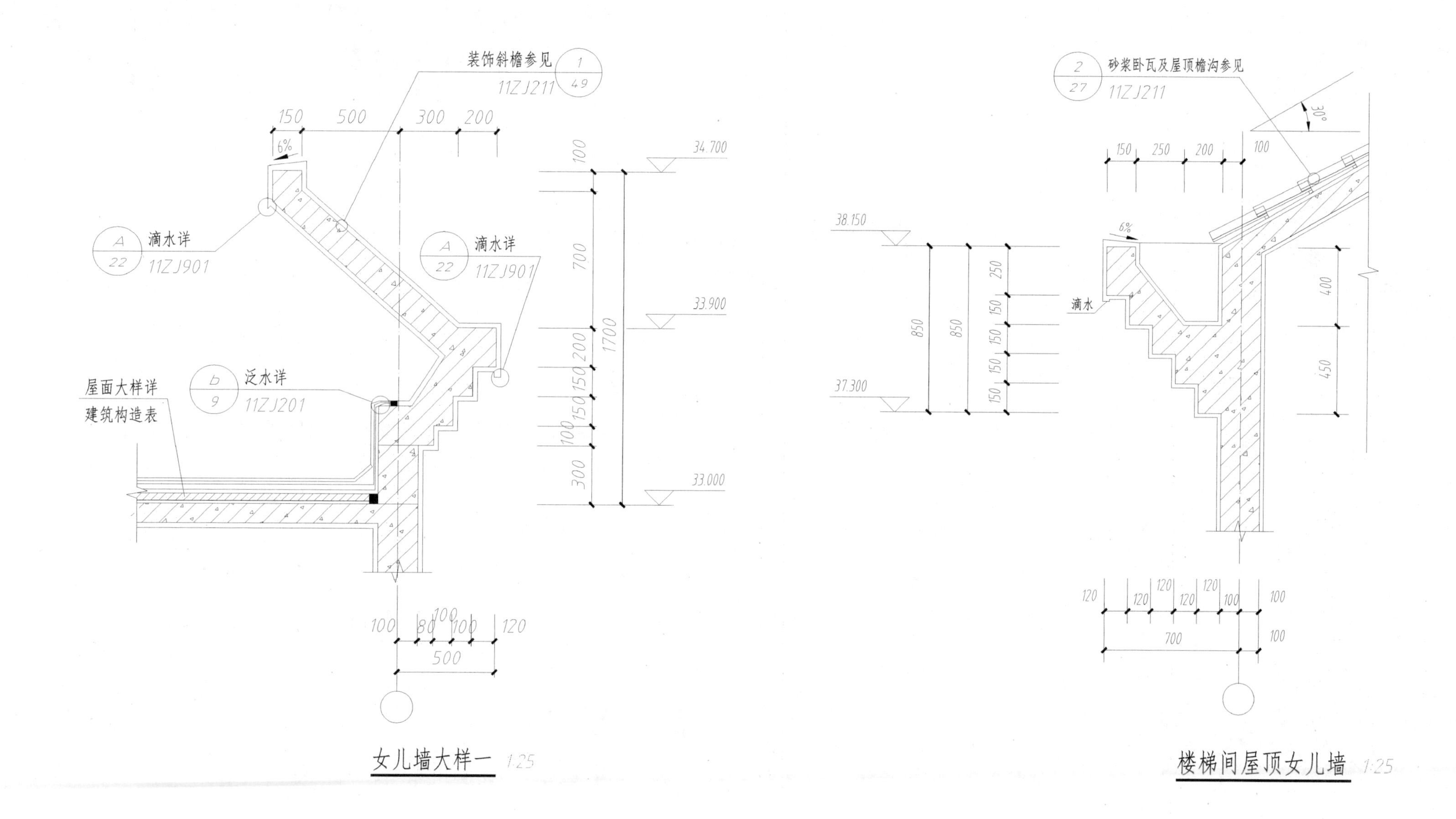

班级		姓名		学号		审阅	

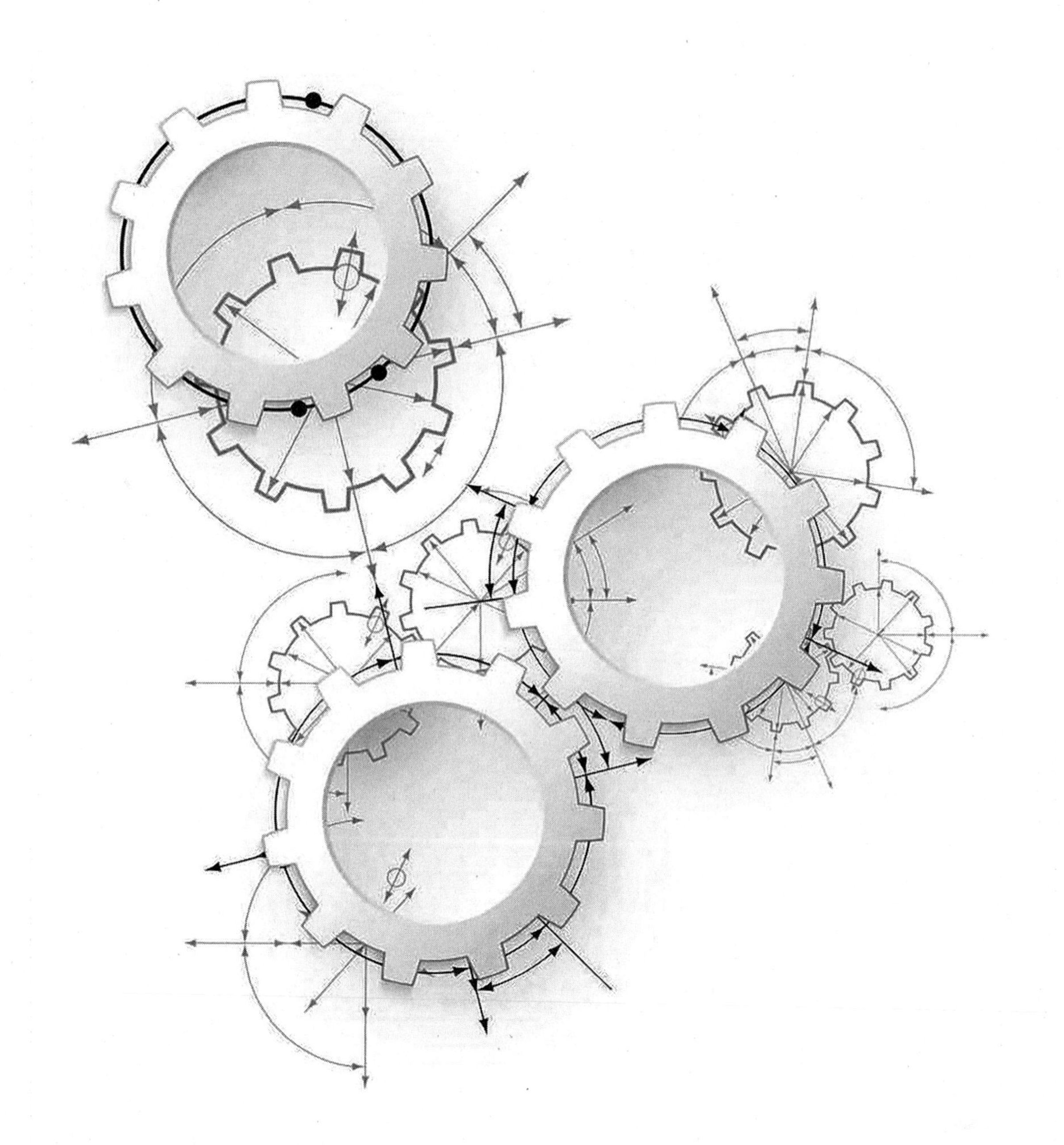

第 12 章 桥梁、涵洞、隧道工程图与水利工程图

章节链接：

桥梁、涵洞、隧道是交通、城建、水利、地下工程中常见的工程建筑物，这些建筑物由于其自身结构及功能上的特点，各有其常规表达方法。

水利工程图是表达水利工程规划、布置，以及水工建筑物形状、大小和结构的图样，简称水工图。水利工程兴建的不同阶段，对图样的要求会有所不同，表达方法也会有所不同。不同设计阶段绘制的水工图均需符合行业制图标准。

本章练习对应《工程制图》教材第 13、14 章重点内容展开。

练习目标：

掌握阅读与绘制桥墩图、涵洞图、隧道洞门图与水工图的方法。

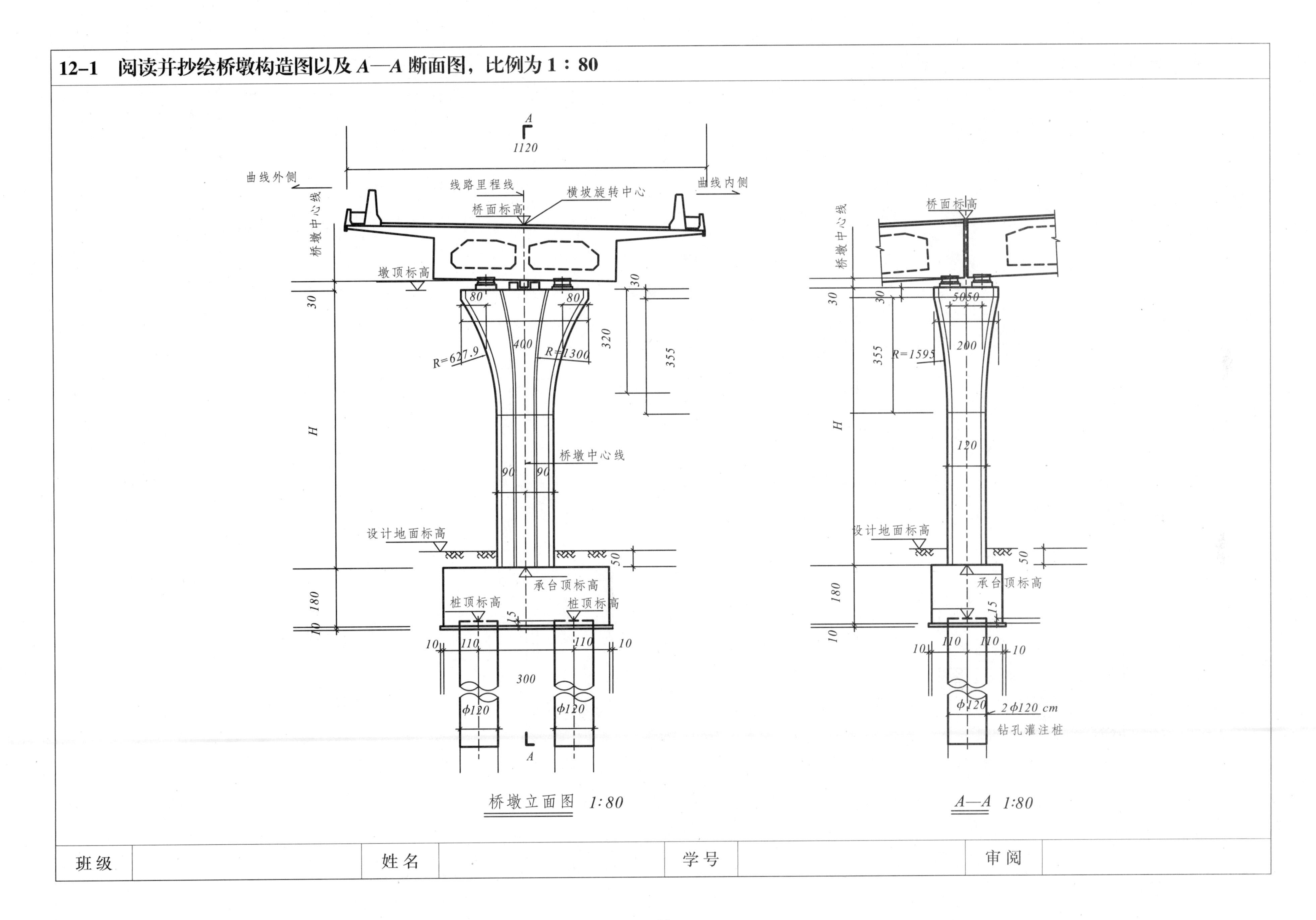
12-1 阅读并抄绘桥墩构造图以及A—A断面图，比例为1：80
A
1120
曲线外侧
线路里程线
横坡旋转中心
曲线内侧
桥面标高
桥墩中心线
墩顶标高
30
80
80
400
R=627.9
R=1300
320
355
H
桥墩中心线
90
90
设计地面标高
50
承台顶标高
桩顶标高
桩顶标高
180
10
15
10
110
110
10
300
ϕ120
ϕ120
A
桥墩立面图 1:80
桥面标高
桥墩中心线
30
30
50
50
R=1595
355
200
120
H
设计地面标高
承台顶标高
180
15
10
110
110
10
ϕ120
2ϕ120 cm
钻孔灌注桩
A—A 1:80
班级
姓名
学号
审阅

12–2 阅读并抄绘钢筋混凝土盖板涵洞构造图

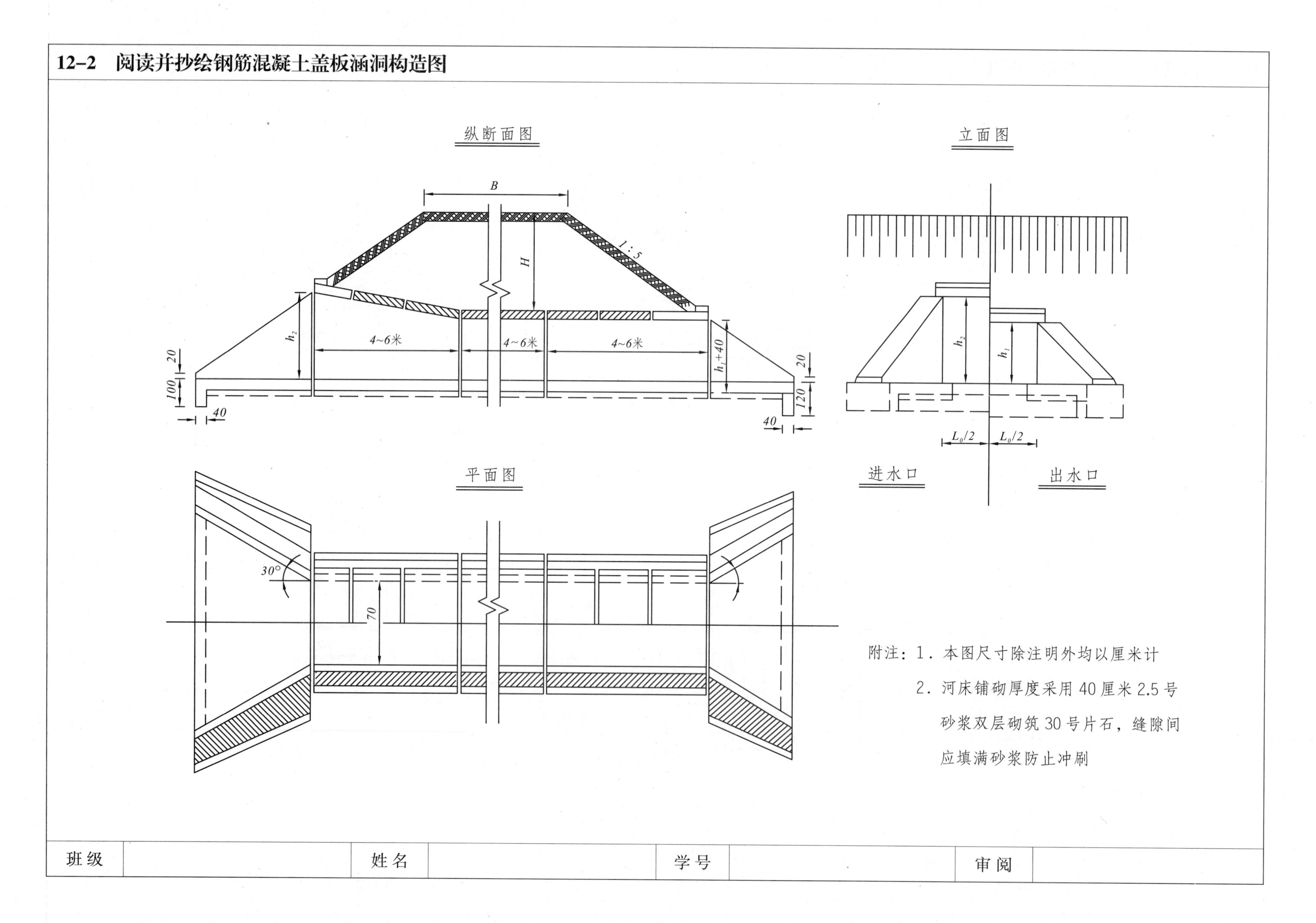

附注：1．本图尺寸除注明外均以厘米计

2．河床铺砌厚度采用 40 厘米 2.5 号砂浆双层砌筑 30 号片石，缝隙间应填满砂浆防止冲刷

班级		姓名		学号		审阅	

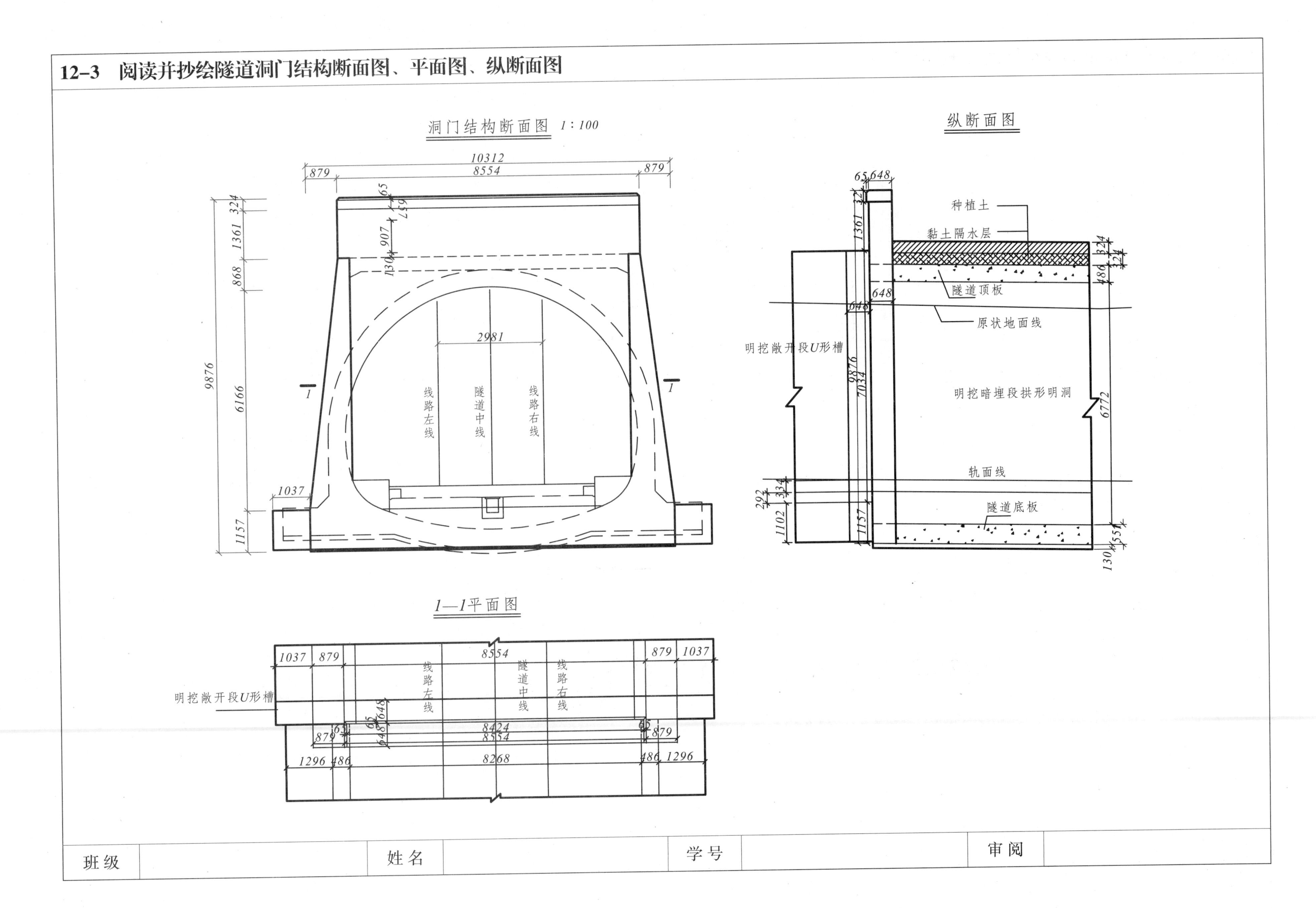
12-3 阅读并抄绘隧道洞门结构断面图、平面图、纵断面图
洞门结构断面图 1∶100
10312
879
8554
879
65
657
907
130
324
1361
868
9876
6166
1157
1037
2981
线路左线
隧道中线
线路右线
1
1
纵断面图
65
648
32
1361
种植土
黏土隔水层
324
32
486
隧道顶板
648
648
原状地面线
明挖敞开段U形槽
9876
7034
明挖暗埋段拱形明洞
6772
轨面线
292
334
1102
1157
隧道底板
551
130
1—1平面图
1037
879
8554
879
1037
明挖敞开段U形槽
线路左线
隧道中线
线路右线
65
648
63
8424
8554
648
65
879
879
1296
486
8268
486
1296
班级
姓名
学号
审阅

12–4 阅读并抄绘水闸纵剖面图、平面图

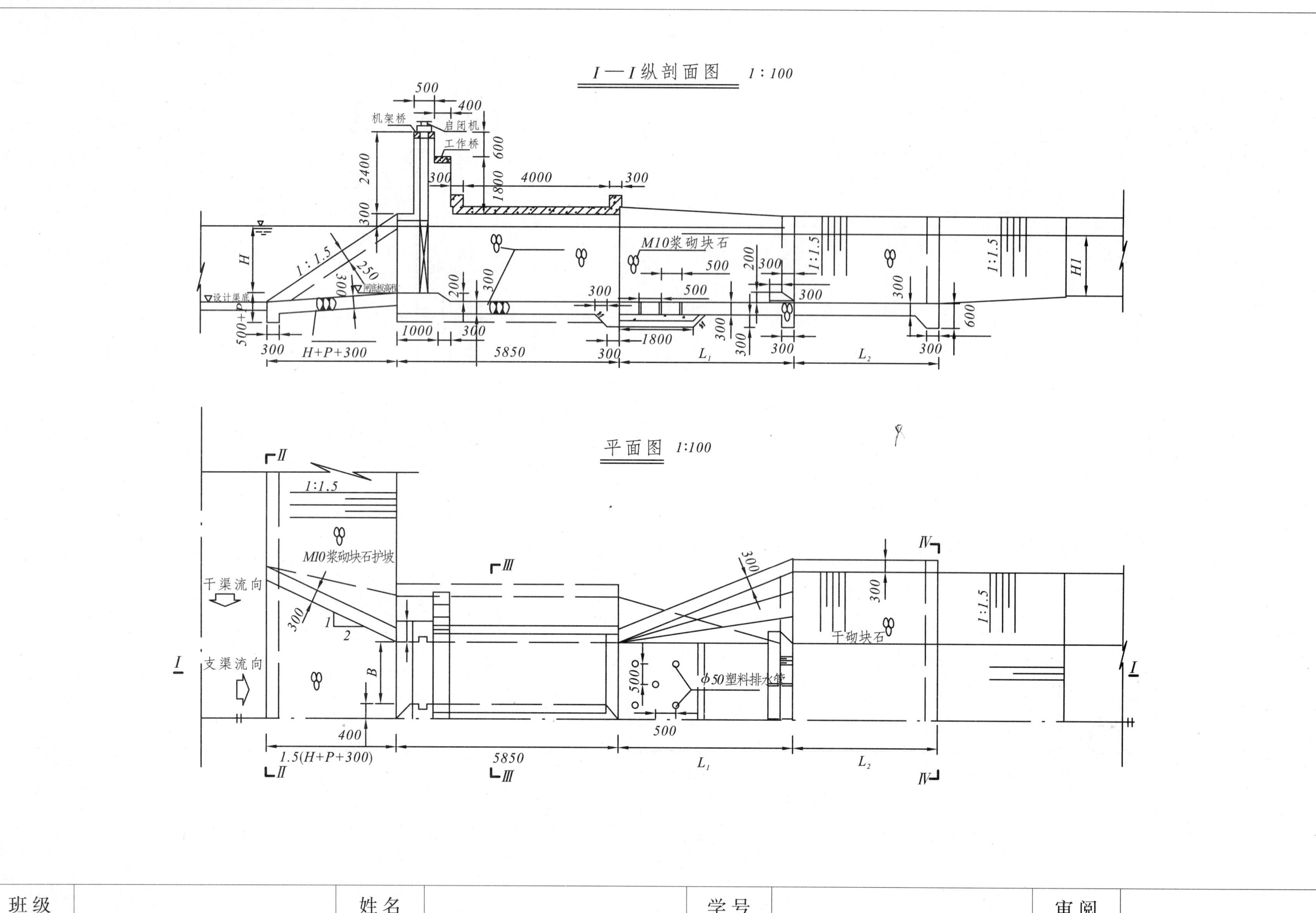

班级		姓名		学号		审阅	

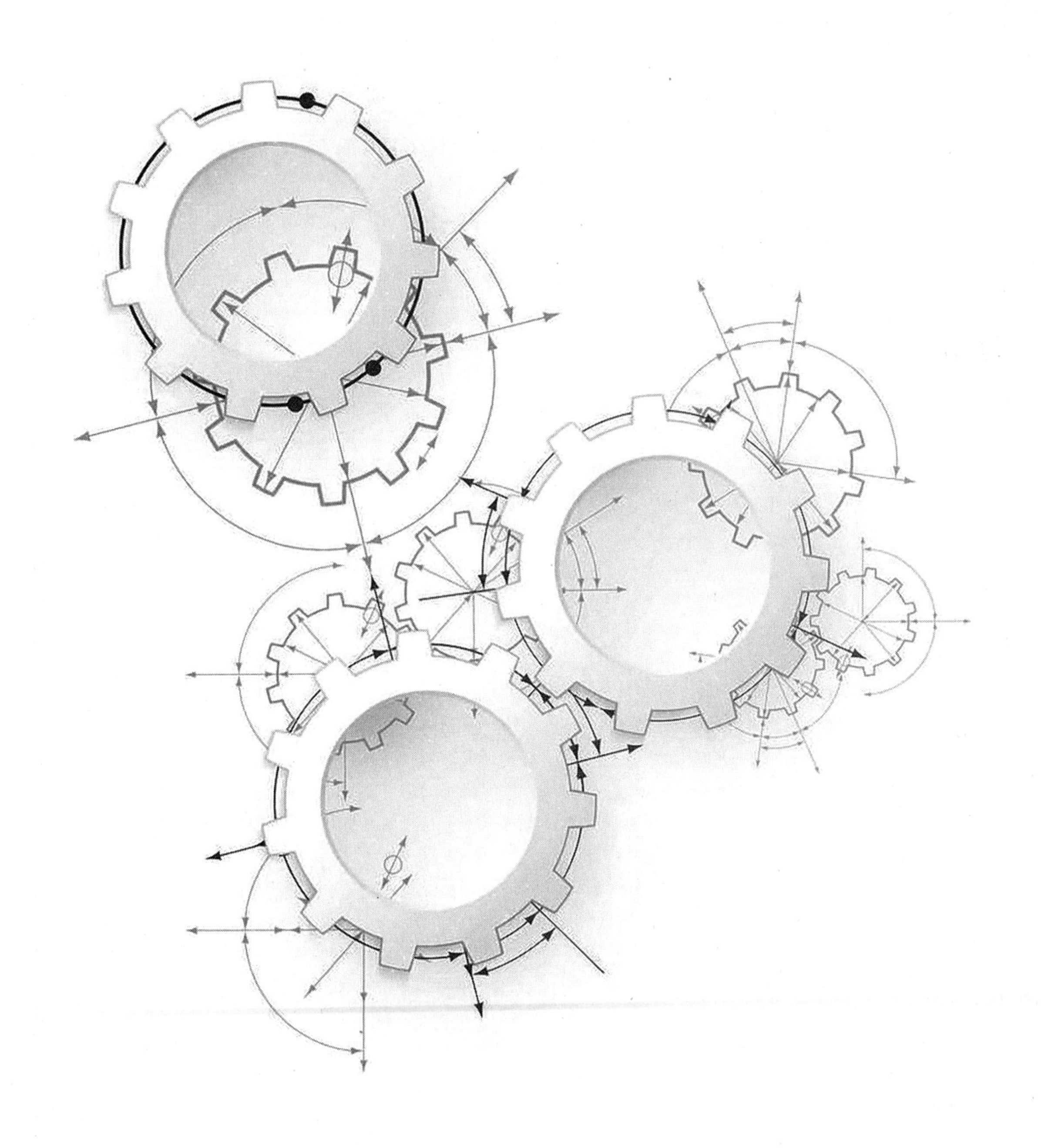

第13章　电气制图的通用规则与基本电气图

章节链接：

电气图以图形的形式阐述电气工作原理，描述电气产品的组成和功能，提供电气产品的装接和使用方法。具体来说，根据用途和表达形式的不同，电气图可分为两大类：第一类是按正投影法绘制的图样，主要用来描述电气产品内外部的几何结构和空间位置关系；第二类是电气简图，大多以图形符号为主绘制，用来描述电气产品中各功能组件之间的相互关系。

最为常用的几种电气图包括：电气简图中的概略图和框图、电路图、逻辑图、流程图，以及按照正投影法绘制的印刷板图。

本章练习对应《工程制图》教材第 15、16 章重点内容展开。

练习目标：

1. 认识电气图中各类设备的图形符号。
2. 认识电气图中各类元器件的文字符号。
3. 了解与掌握电气图的画法与布局知识。
4. 了解与掌握常用电气图的基础知识。

13-1 电气简图

（1）是下面哪种设备的图形符号？（　　）

A．功率因数表　　B．相位表　　C．预制电位计　　D．电位计

（2）是下面哪种设备的图形符号？（　　）

A．可变电阻器　　B．电位计　　C．预制电位计　　D．预置电阻器

（3）是下面哪种设备的图形符号？（　　）

A．桥式全整流器　　B．逆变器　　C．预制电位计　　D．放大器

（4）是下面哪种设备的图形符号？（　　）

A．逆变器　　B．放大器　　C．预制电位计　　D．整流器

（5）在电气图中，是按多少度放置的图形符号？（　　）

A．90°　　B．180°　　C．270°　　D．镜像放置

（6）是下面哪种设备的图形符号？（　　）

A．可变电阻器　　B．电位计　　C. 二极管　　D. 预置电阻器

（7）是下面哪种设备的图形符号？（　　）

A．NPN 三极管　　B．电位计　　C．PNP 三极管　　D．预置电阻器

班级		姓名		学号		审阅	

13-1 电气简图

（8）下面哪个是逻辑单元、延迟器件、存储器件的文字符号？（　　）

A. X　　B. S　　C. Q　　D. M

（9）下面哪个是测量设备、试验设备的文字符号？（　　）

A. V　　B. P　　C. S　　D. R

（10）下面哪个是电真空器件、半导体器件的文字符号？（　　）

A. E　　B. G　　C. C　　D. R

（11）下面哪个是变压器的文字符号？（　　）

A. S　　B. Q　　C. U　　D. T

（12）下面哪个是滤波器、均衡器、限幅器的文字符号？（　　）

A. Z　　B. W　　C. P　　D. K

（13）下面哪个是传输通道、波导、天线的文字符号？（　　）

A. W　　B. Y　　C. H　　D. K

（14）下面哪个是保护器件的文字符号？（　　）

A. Z　　B. Y　　C. H　　D. F

（15）下面哪个是时间断电器的常用双字母文字符号？（　　）

A. XB　　B. KT　　C. XS　　D. QF

（16）下面哪个是热断电器的常用双字母文字符号？（　　）

A. SB　　B. KH　　C. MA　　D. QS

（17）下面哪个是按钮开关的常用双字母文字符号？（　　）

A. SB　　B. SA　　C. MD　　D. TR

（18）下面哪个是熔断器的常用双字母文字符号？（　　）

A. QF　　B. PA　　C. KH　　D. FU

（19）下面哪个是隔离开关的常用双字母文字符号？（　　）

A. QS　　B. QK　　C. XT　　D. XS

（20）下面哪个是表示异步特征的常用辅助文字？（　　）

A. SYN　　B. ASY　　C. GN　　D. RD

（21）下面哪个是表示红色特征的常用辅助文字？（　　）

A. S　　B. GN　　C. RD　　D. S

班级		姓名		学号		审阅	

13-2　电气图画法与布局

（1）在电气图中，电路或元件的布局方法主要有________和________两种。

（2）项目代号 =S3+12D-K5 : 6 中，“=”表示的是________，“-”表示的是________，“:”表示的是________。

（3）在电气图中，用于表示项目实际位置的代号，称为________。位置代号有________和________两种编写方法。

（4）导线标记“3 × 80+1 × 35”的含义为电路由截面积为________的________根________和截面积为________的________根________组成。

（5）导线标记“3N～60 Hz 220 V”的含义是：三相交流电，一根是________，频率为________，电压为________。

（6）在电路图中，将两根或两根以上（比如三相系统的三根）导线或连接关系用一条图线表示，称为________。

（7）在电气图中，将每根导线或连接关系用一条图线表示，称为________。

（8）为了方便读图，对多根平行连接线应分组表示，分组时应优先采用________。

（9）功能布局法是着眼于________或________，而不考虑________________的一种布局方法。

（10）位置布局法是按照元器件和设备在安装时的________来布置相对应的________的布局方法。

（11）连接线应尽量按________或________方向布局，并尽量避免弯曲与交叉。当连接线需要转折时，应按________转折。

班级		姓名		学号		审阅	

13-2　电气图画法与布局

（12）识读下图所示的电子催眠器元器件布置图，并按要求回答下列问题。

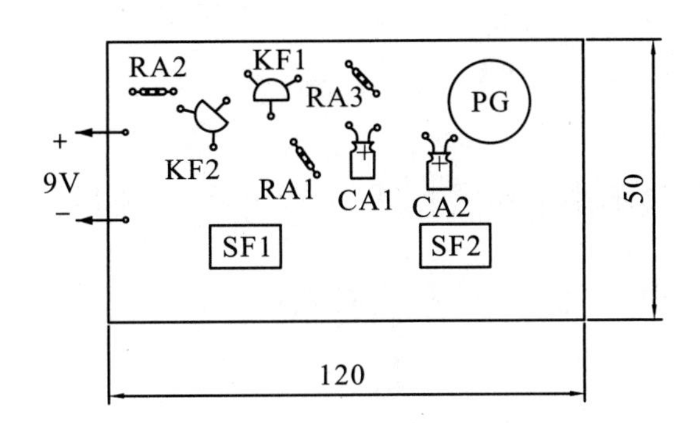

a．图中的电气元器件是按什么布局方法布置的？

b．图中所用布局方法有何特点？

（13）分析下图所示接线图，并按要求回答下列问题。

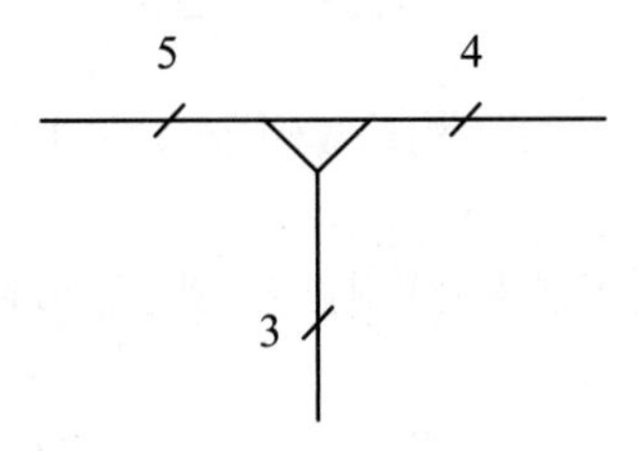

a．图中线束是用什么表示法表示的？

b．将该接线图改成用多线表示的连接线形式画出。

班级		姓名		学号		审阅	

13–3　电气图表达

（1）围框是电路图中表示相对独立的电路单元的边界线。围框有________和________两种表达形式，在应用时，应首选________。

（2）电气图中双电划线的应用对象一般为________。

（3）在电气图中，指引线用________表示，且指向被注释处。

（4）在电气图中，通常只选用两种宽度的图线，粗线的宽度为细线的________。两平行线之间的最小间距应不小于粗线宽度的________，同时应不小于________。

（5）在电气图中，箭头符号有________和________两种形式。规定信号线和连接线必须用________表示，而指引线上的箭头必须用________表示。

班级		姓名		学号		审阅	

13–3 电气图表达

（6）分析下图所示的接线图，并按要求回答下列问题。

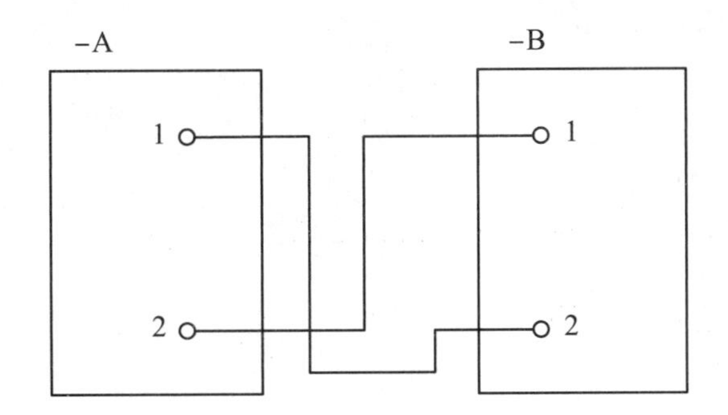

a．图中的电气元器件是按什么布局方法布置的？

b．将该接线图用中断表示法表示的连接线形式画出。

（7）分析下图所示接线图，并按要求回答下列问题。

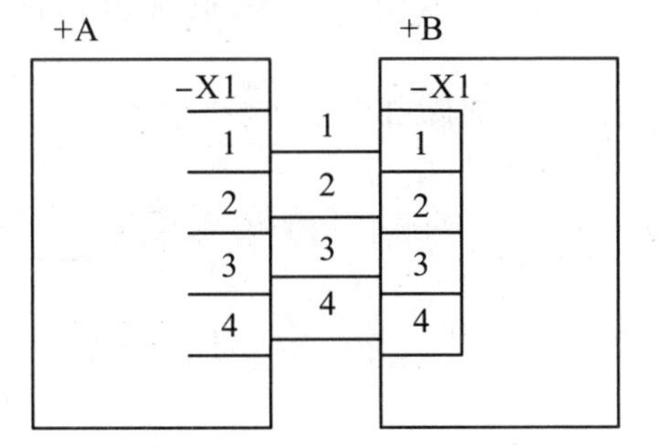

a．图中连接线是用什么表示法表示的？

b．将该接线图用单线表示的连接线形式画出。

班级		姓名		学号		审阅	

13-4 概略图和框图

（1）电气简图通常包括________、________、________、________、________、________。

（2）概略图与框图是一种________，它从整体上对系统进行简略描述，既不给出元件、设备的细节，也不考虑所有连接。

（3）概略图和框图原则上没有区别，都属于________。

（4）概略图多采用________或________绘制，框图多采用________绘制。

（5）概略图标注的项目代号多为________，框图标注的项目代号多为________。

（6）概略图和框图由________、________、________和________四大要素构成。

（7）空心箭头可用于表示________的流动方向。

（8）实心箭头可用于表示________的流动方向。

（9）开口箭头用于表示________的流动方向。

（10）在电气图中，电路或元件的布局方法主要有________和________两种，其中概略图和框图采用________。

班 级		姓 名		学 号		审 阅	

13-4 概略图和框图

（11）分析下图所示的无线电接收机概略图，并按要求回答下列问题。

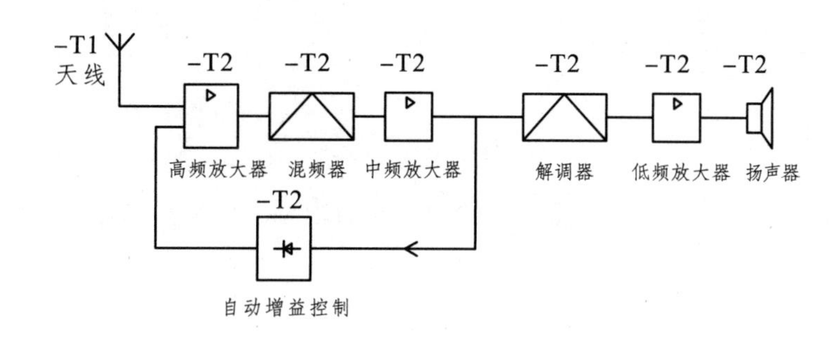

a．图中电路或电气元件是按什么布局法布置的？

b．图中图形符号之间的连接线是用什么表示法表达的？

c．图中用粗实线表示的是什么电路？

d．图中用开口箭头表示什么信号？

（12）分析下图所示稳压电源电路框图，并按要求回答下列问题。

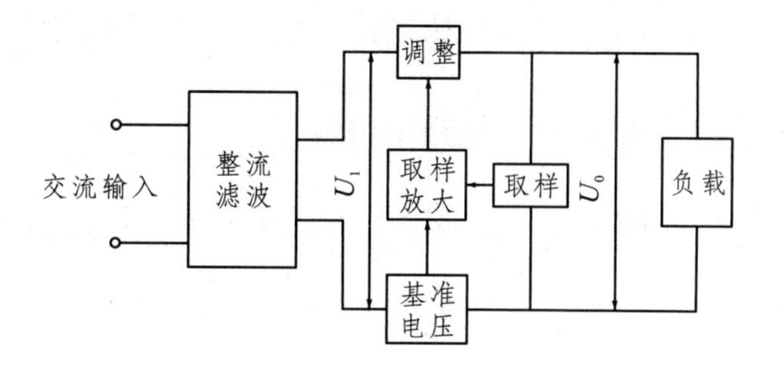

a．什么是框图？

b．图中用开口箭头表达出什么信息？

c．按框图的规定画法抄绘该图。

班级		姓名		学号		审阅	

13–5　电路图

（1）在电路图中，常用________代表实物，用________表示电能传输。

（2）按照所表达对象的完整性划分，电路图可分为________与________。

（3）按照应用方向和应用领域划分，电路图可分为________与________。

（4）一张完整的电路图应包括________、________、________、用于逻辑信号的电平约定、电路寻迹所必需的信息（信息代号、位置检索标记等）、描述元件所必需的补充信息。

（5）元器件位置的表示方法主要有________、________两种。

（6）当元器件由几个部分构成时，可以采用________或________来绘制元器件。

（7）电路图和概略图、框图一样，图中的元器件也按照________进行布置。

（8）电路图中的电路通常按照________进行绘制，对含有基本对称电路的电路图，也可采用________进行绘制。

班级		姓名		学号		审阅	

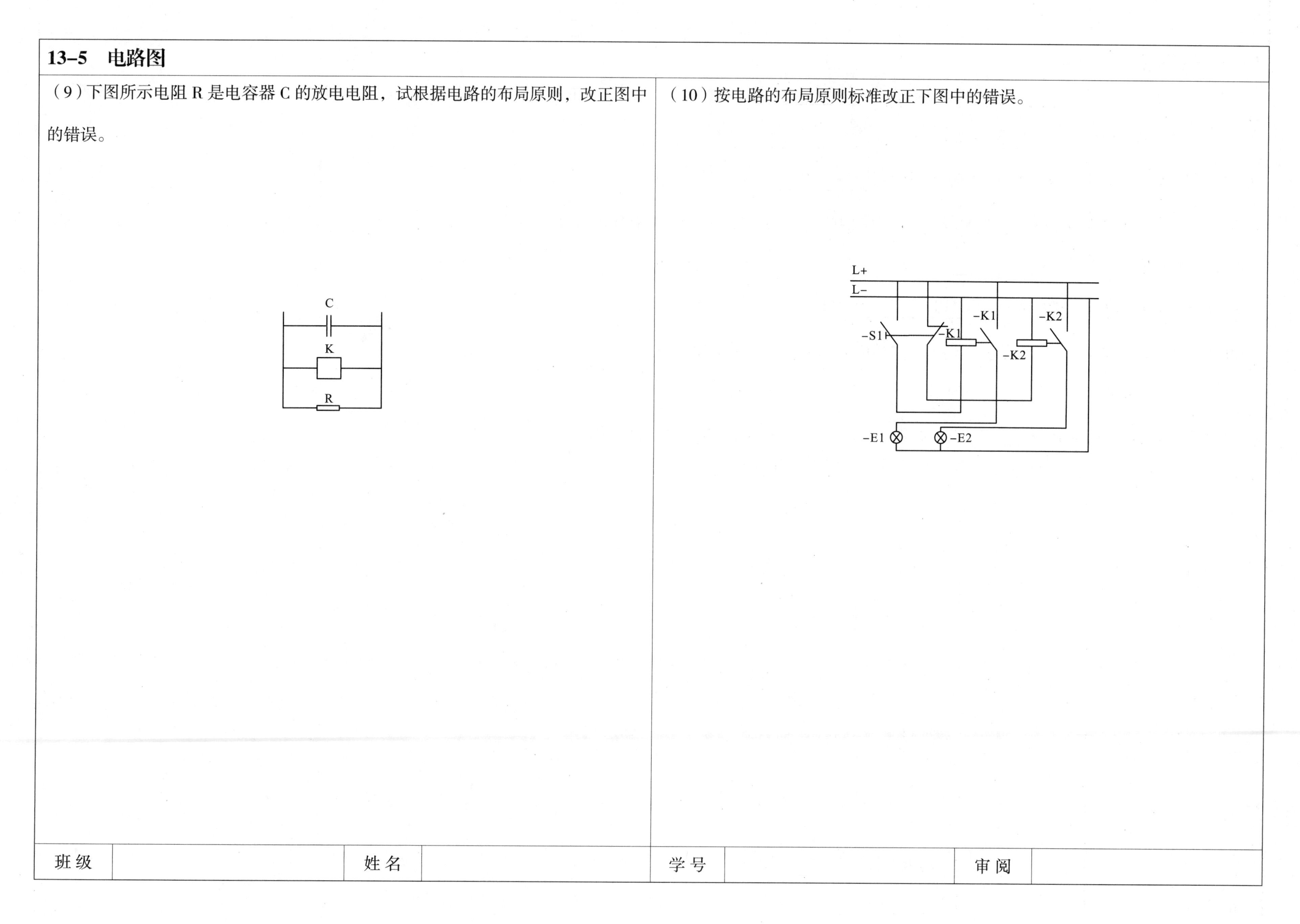

13–5　电路图

（9）下图所示电阻 R 是电容器 C 的放电电阻，试根据电路的布局原则，改正图中的错误。

（10）按电路的布局原则标准改正下图中的错误。

班级		姓名		学号		审阅	

13-6　逻辑图与流程图

（1）流程图是一种使用________表示处理步骤，并用____________将这些图形符号连接起来的实现执行步骤与次序的简图，广泛应用在程序设计、工程管理等领域。

（2）逻辑图可以分为________和________。

（3）▯代表流程图中（　　）环节。

A．开始及结束　　B．执行操作　　C．调用子程序　　D．手动修改

（4）二进制逻辑单元图形符号由________、________、________、________等组成。

（5）逻辑图与概略图、框图相同，也是采用________布置图形符号。

（6）逻辑图绘制过程中，连接线用________进行绘制。

班级		姓名		学号		审阅	

13-6 逻辑图与流程图

（7）分析下图所示异或逻辑功能图（纯逻辑图），并按要求回答下列问题。

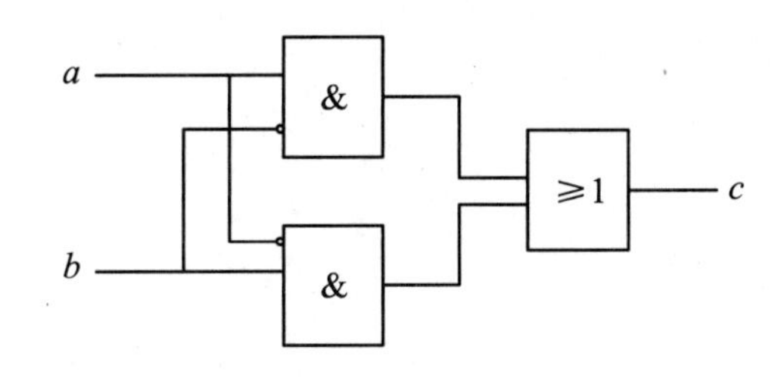

a. 图中的电气元器件是按什么布局方法布置的？

b. 图中所用布局方法有何特点？

c. 图中的信息流向是怎样的？

d. 当一个信号输出给多个单元时，应以什么连接方式接到各个单元？

e. 通过增加非单元，用正逻辑约定，画出与之对应的详细逻辑图。

班级		姓名		学号		审阅	

13-7　接线图与接线表

（1）连接线主要有________和________两种表示方法。

（2）项目中用来与外部连接的导电件叫作________。

（3）互连接线图（表）中连接线既可以采用________，也可以采用________。

（4）电缆配置图中，各单元用________表示，并标注位置代号。

（5）如果单元采用插头和插座与线缆相连接，则单元用________表示，插头和插座用________表示。

（6）单元接线图（表）与互连接线图（表）之间的差别仅在于前者是表示________的连接关系，而后者是表示________的连接关系。

（7）如果将控制器看作一个整体，其内部各部分的连接关系就可用____________表示。

（8）如果将控制器内部的各个部分看作一个个独立的结构单元，各个单元的连接关系就可用____________表示。

班级		姓名		学号		审阅	

（9）分析下图所示的单元接线图，并按要求回答下列问题。

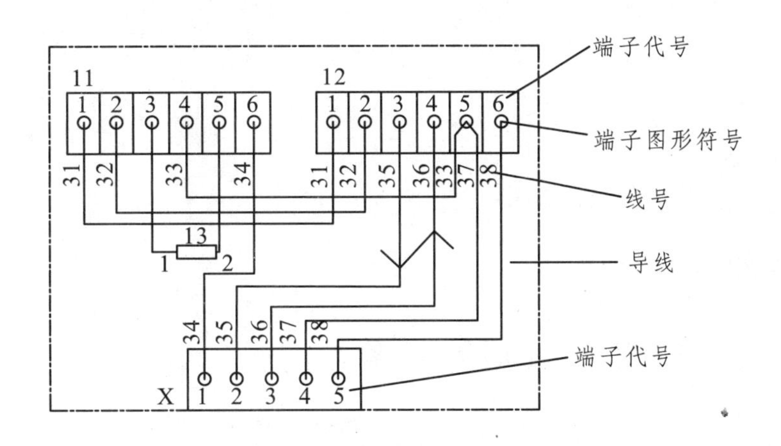

a. 图中连接线采用了哪种表示方法?

b. 图中所用连接线有何特点?

c. 图中图形符号“ ”表示什么含义?

d. 图中单元包括哪几个项目？它们是采用什么符号表示的?

e. 将图示单元接线图改画为用中断表示法表示。

班级		姓名		学号		审阅	

13-8 印制板图

（1）印制电路板是用以＿＿＿＿＿＿＿＿＿＿＿＿＿＿＿＿＿＿＿＿＿＿＿＿，简称印制板。

（2）印制板电路图是用以＿＿＿＿＿＿＿＿＿＿＿＿＿＿＿＿＿＿＿＿＿＿＿＿，简称印制板图。

（3）按照用途不同，印制板图又分为＿＿＿＿＿＿＿＿＿＿和＿＿＿＿＿＿＿＿＿＿两大类。

（4）根据表达内容的不同，印制板零件图可以分为＿＿＿＿＿＿＿＿、＿＿＿＿＿＿＿＿和＿＿＿＿＿＿＿＿三种形式。

（5）导电图形图是在＿＿＿＿＿＿＿＿上绘制的，主要用来表示印制导线、连接盘的形状和它们之间的相互位置关系。

（6）在布置元器件时，要尽量布置在印制板＿＿＿＿＿＿＿＿的一面，并考虑各元器件之间的电磁干扰、热辐射和寄生耦合等现象。

（7）导电图形一般采用＿＿＿＿＿＿＿＿绘制，并应尽量采用＿＿＿＿＿＿＿＿。但对于严格控制寄生电容影响的高阻抗信号线，要使用＿＿＿＿＿＿＿＿。

（8）标记符号一般布置在印制板的＿＿＿＿＿＿＿＿，并应避开连接盘和孔，以保证标记符号完整清晰。

（9）印制板装配图是＿＿＿＿＿＿＿＿的简称，是表示＿＿＿＿＿＿＿＿＿＿＿＿＿＿＿＿＿＿＿＿＿＿＿＿＿＿＿＿的图样。

（10）当印制板只有一面装有元器件和结构件时，应以该面为＿＿＿＿＿＿＿＿。当反面元器件采用图形符号表示时，可只将引线用＿＿＿＿＿＿＿＿表示，而图形符号仍用＿＿＿＿＿＿＿＿＿＿＿＿画出。

班级		姓名		学号		审阅	

13-8 印制板图

（11）分析下图所示的印制板标记符号图，并按要求回答下列问题。

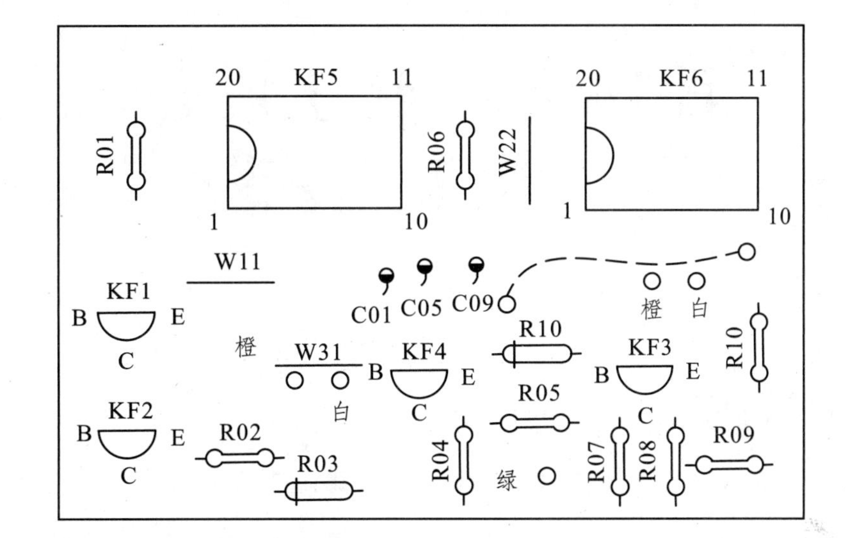

a. 标记符号一般布置在印制板的什么面？

b. 图中元器件主要采用什么符号表示？

c. 指出图中的标注位置标记的元器件，并指出其特点。

（12）分析下图所示的发光二极管电平指示电路图，设计出该电路图的导电图形图。

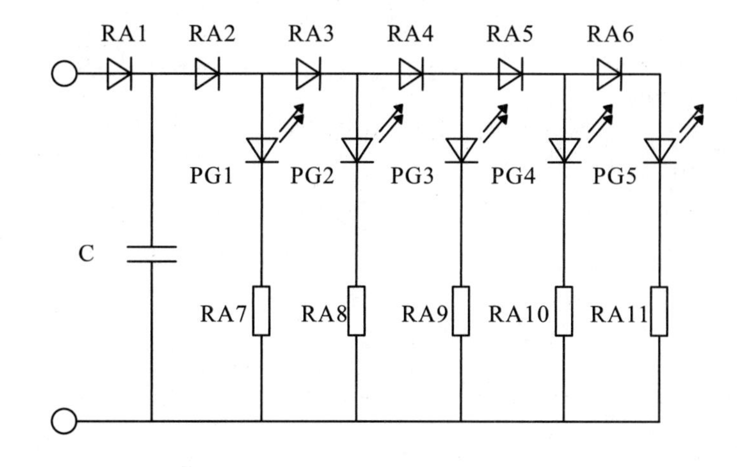

班级		姓名		学号		审阅	

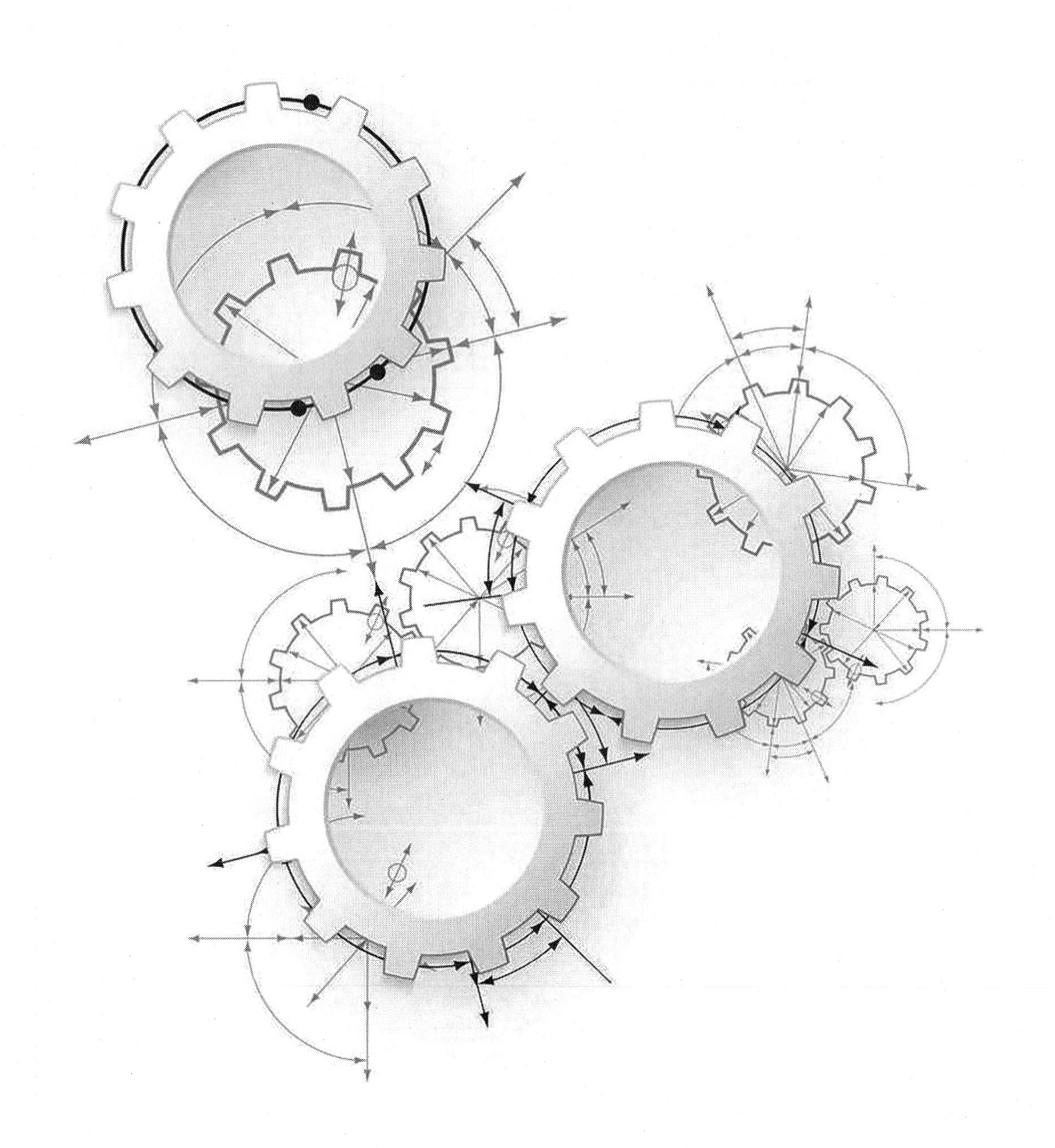

第 14 章　化工设备图与化工工艺图

章节链接：

化工设备图是化工专用设备设计和施工所依照的图样，其表示法有三种：一是对于整台化工设备，一般要绘制装配图；二是对于主要标准化通用零部件，一般无须专门绘制零件图，只需在装配图中画出这些零部件并标注清楚；三是对于制造化工设备的焊接工艺，需要按照焊接图画法的相关规定进行。化工设备图的绘制需根据相应化工工艺要求进行。

化工工艺图体现化工设计每个阶段的相应内容，是化工工艺、化工设备、土建、电气、采暖通风、给排水、自动化控制等各专业技术人员进行信息交流的工具，也是化工厂进行工艺安装和指导生产的重要技术文件。

本章练习对应《工程制图》教材第 17、18 章重点内容展开。

练习目标：

1. 认识各类化工设备的图例表达方法。
2. 掌握绘制化工设备图的方法技巧。
3. 认识工艺流程图中各类设备符号，了解各类符号的作用及含义。
4. 掌握化工工艺流程图的画法及标注。
5. 掌握管道布置图的画法，包括平面图、立面图和轴测图。

14-1　化工设备图

（1）已知化工设备图表达方法，请写出相应设备名称。

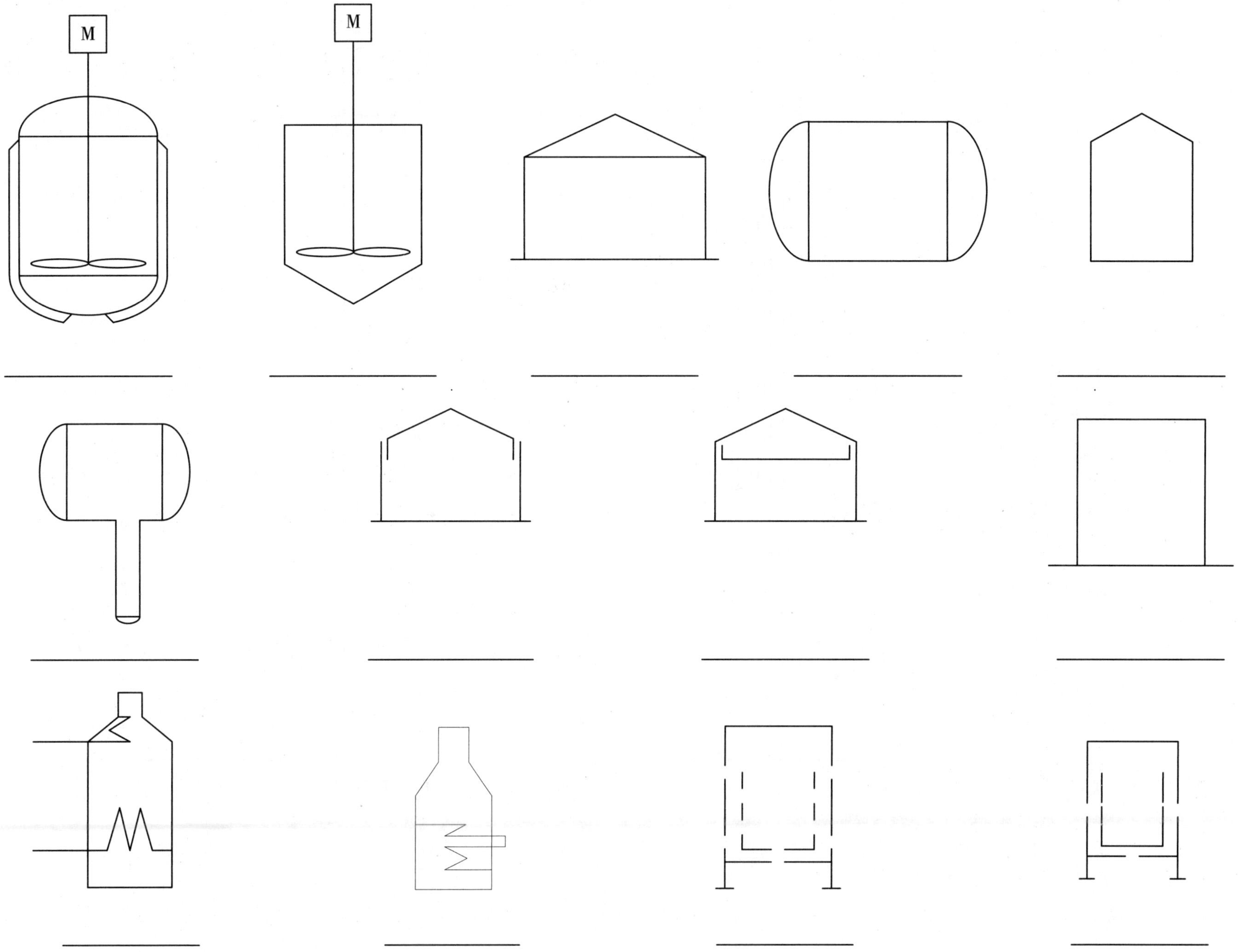

M

M

______　______　______　______　______

______　______　______　______

______　______　______　______

班级		姓名		学号		审阅	

14-1　化工设备图

（2）已知化工设备图表达方法，请写出相应设备名称。

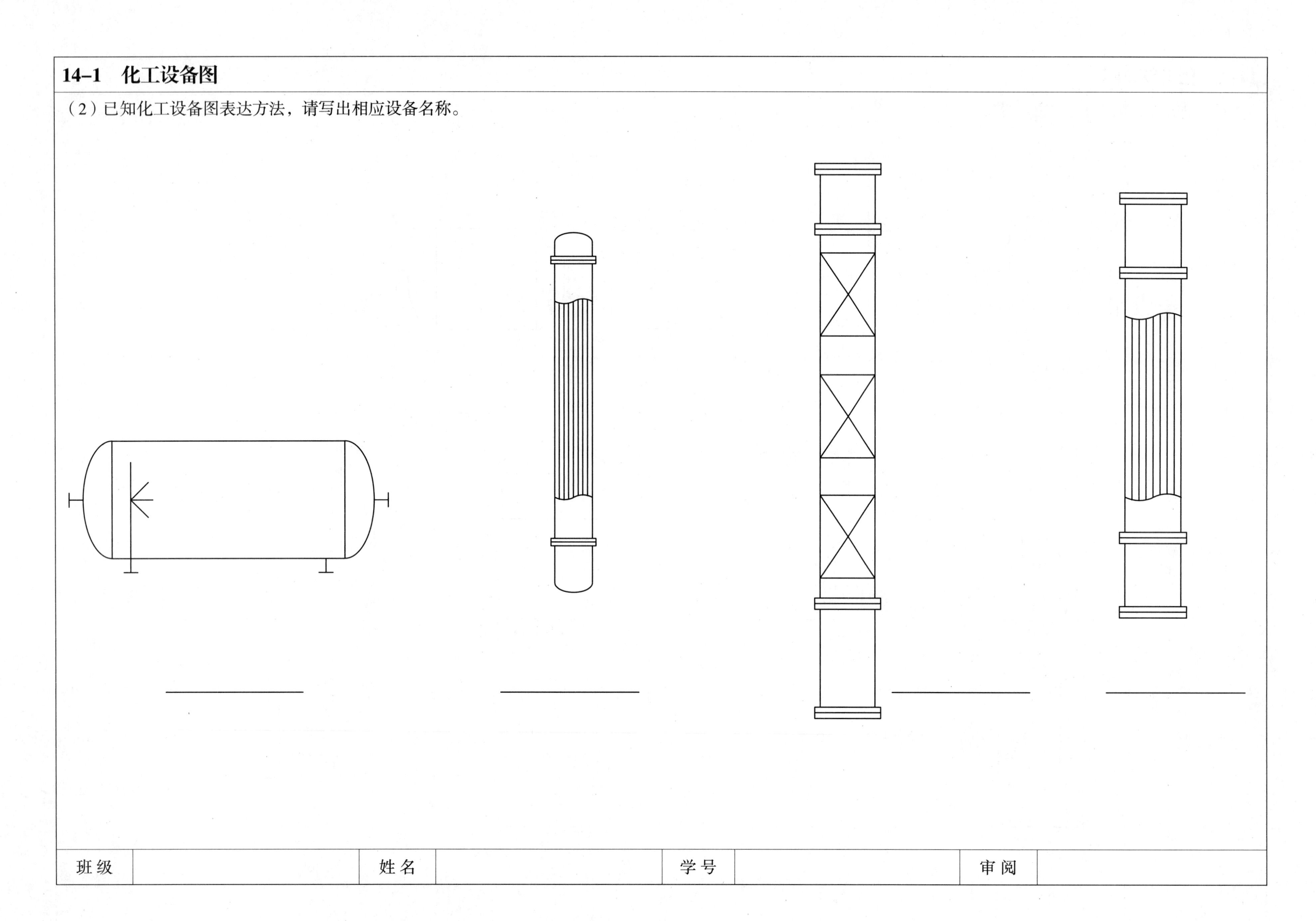

班级		姓名		学号		审阅	

14-1　化工设备图

（3）已知化工设备图表达方法，请写出相应设备名称。

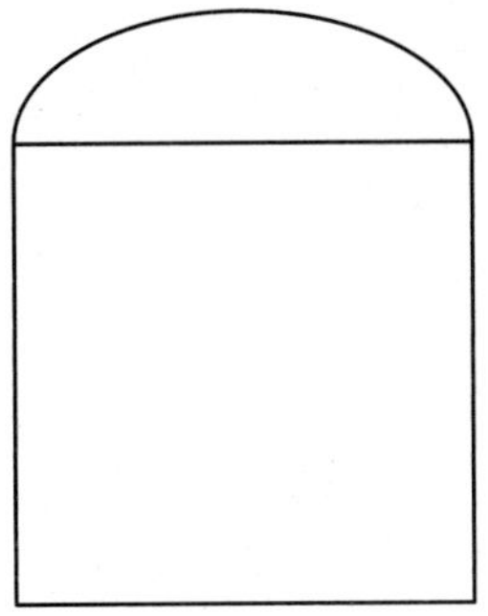

______　______　______　______

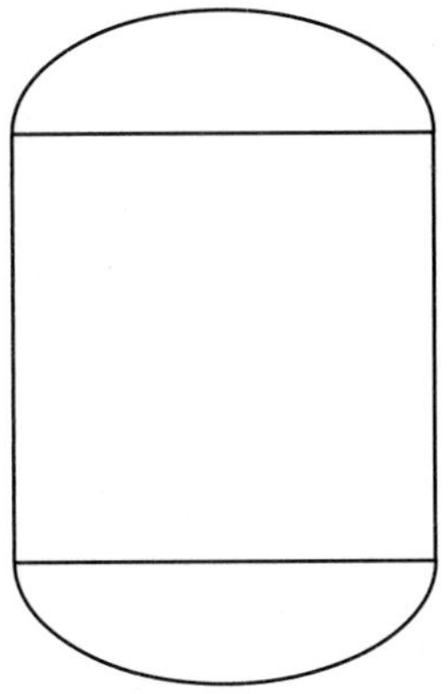

______　______　______　______

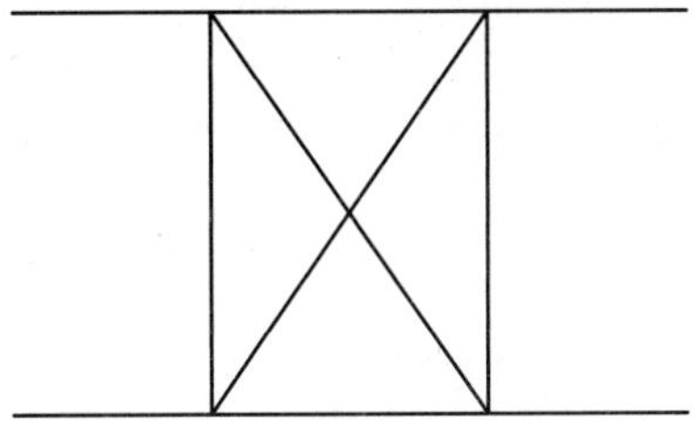

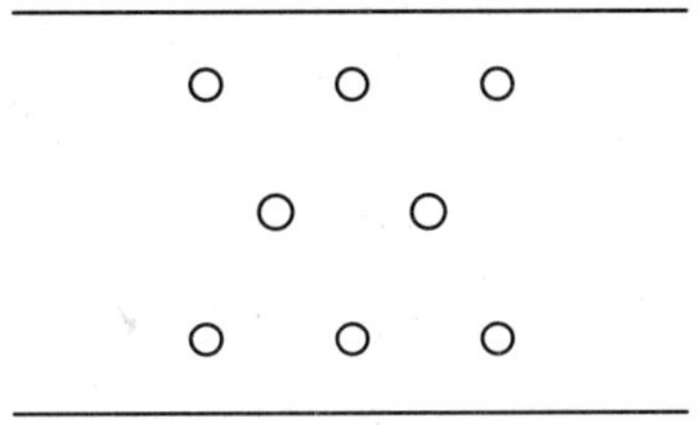

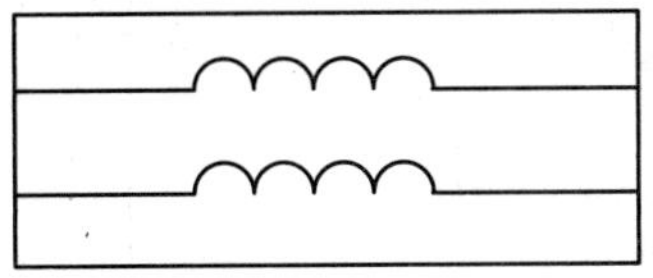

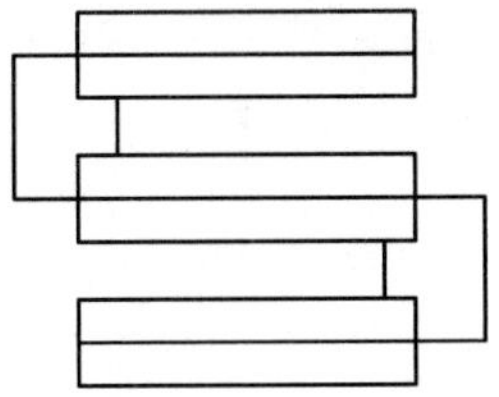

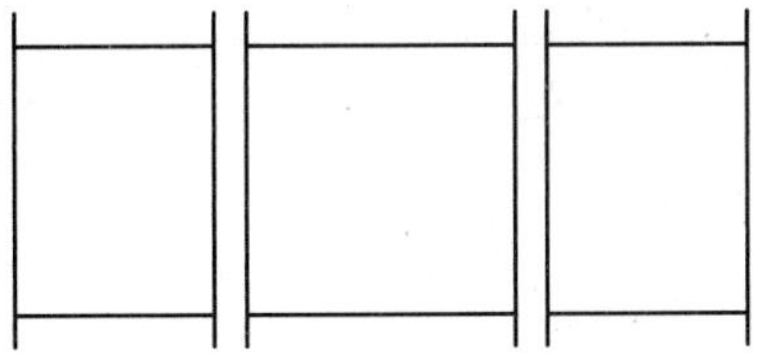

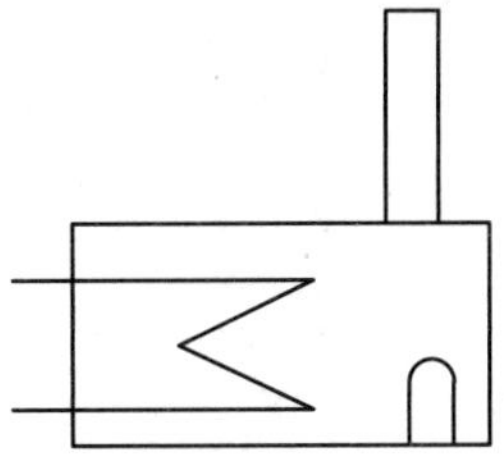

班级		姓名		学号		审阅	

14-1　化工设备图

（4）已知化工设备图表达方法，请写出相应设备名称。

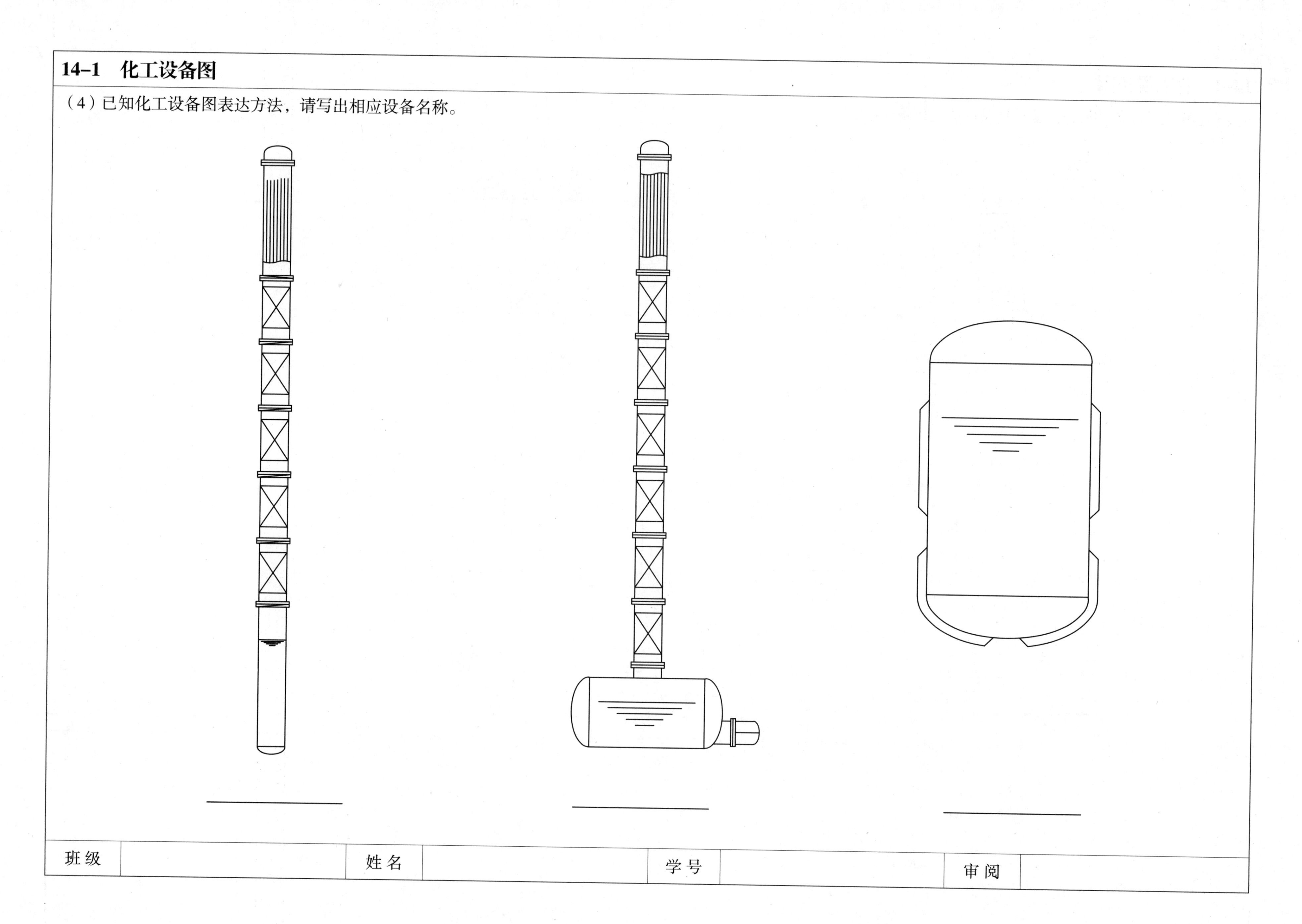

班级　　　　姓名　　　　学号　　　　审阅

14-1 化工设备图

（5）抄绘以下化工设备图，并补充表格中“名称”列。

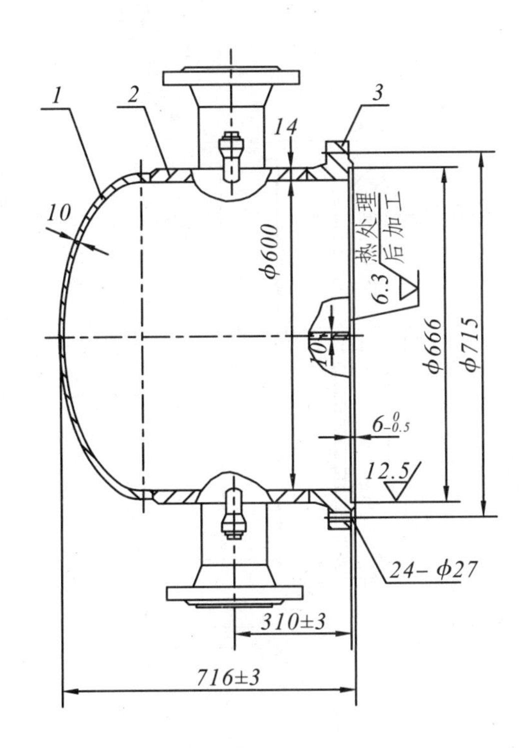

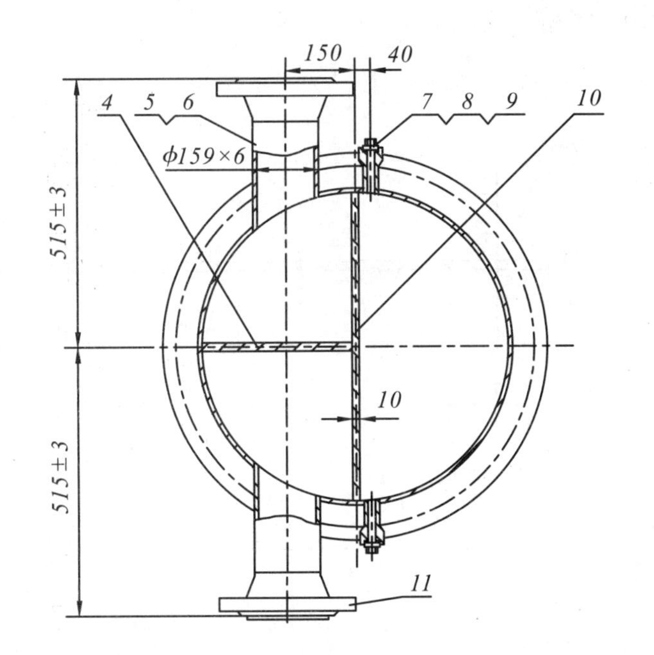

技术要求

1．管箱短节与封头或法兰对接时，短节应按 1:3 的斜度削薄

2．管箱焊后应进行整体消除应力热处理

3．管箱法兰密封面应在整体热处理后加工

4．法兰螺栓孔应跨中装配

注：材料表所列开口法兰的数量均包括对应法兰

凹凸面法兰按图示位置装焊

11	JB/T 82—2015	法兰 150-25	20	2	JB 77—59
10	GF 086-1-4		Q235-A.F	1	
9	TYJ-3		紫铜	2	
8	TYJ-2		20	2	
7	TYJ-1		20	2	
6	JB/T 82—2015	法兰 150-25	20	2	JB 77—59
5	GF 086-1-3	接管 1=250	10	2	无图
4	GF 086-1-2		Q235-A.F	1	
3	NB/T 47023—2012	法兰 - FM 600-2.5	16Mn	1	
2	GF 086-1-1	短节 1=425	16MnR	1	无图
1	JB/T 4746—2002	EHA 600 × 10	16MnR	1	
序号	代号	名称	材料	数量	备注
设计		管箱	GF 086-1-00		
校对					

班级		姓名		学号		审阅	

14-1 化工设备图

（6）抄绘以下化工设备图，并补充表格中“名称”列。

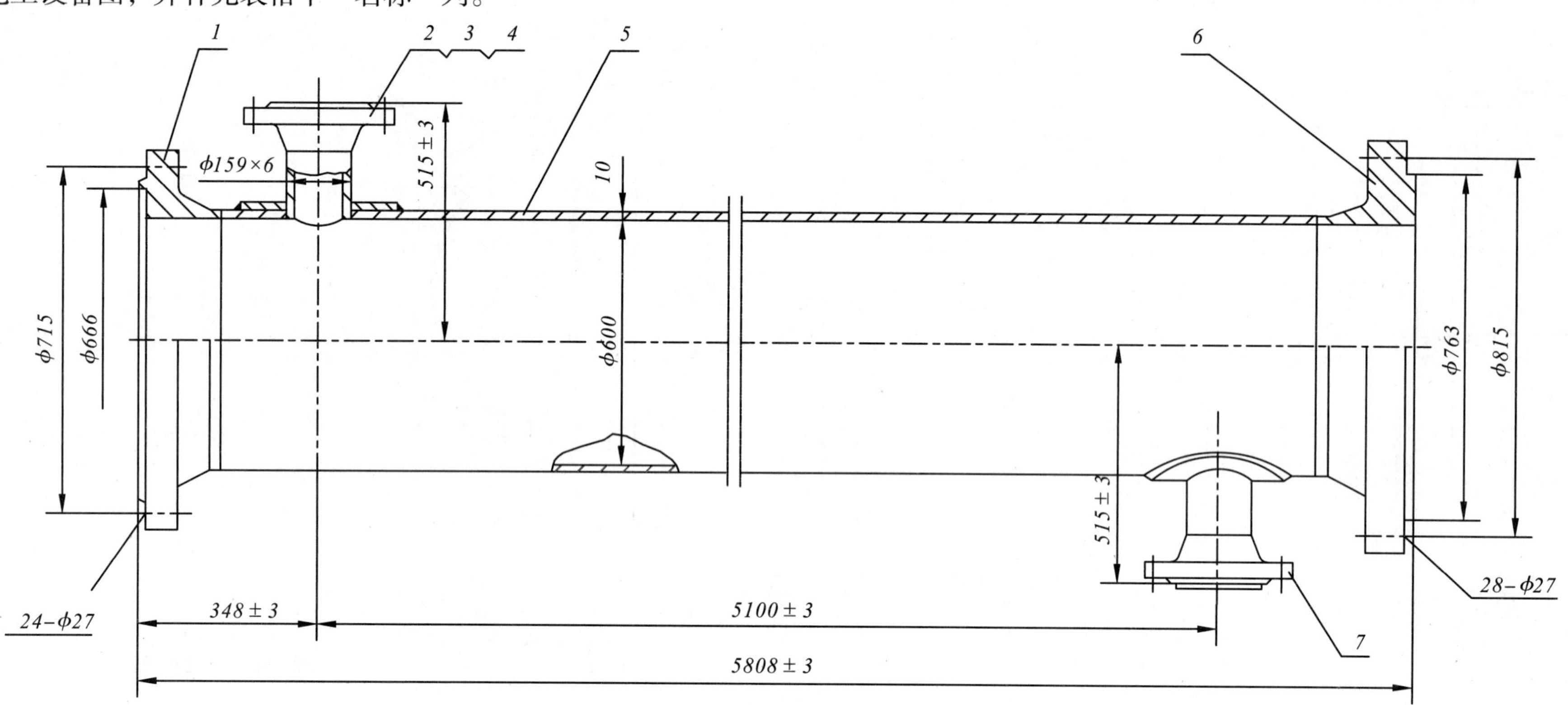

技术要求

1．壳体内表面焊缝应修平、磨光

2．补强圈的角焊缝距法兰与圆筒的环焊缝小于3倍的圆筒壁厚或小于50 mm时，允许补强圈切边，但不得超过其宽度的1/3

3．法兰螺栓孔应跨中装配

注：材料表所列开口法兰的数量均包括对应法兰

凹凸面法兰按图示位置装焊

7	JB/T 82—2015	法兰 150-25	20	2	
6	GB/T 29465-2012	侧法兰 -T600	16Mn	1	
5	GF 086-2-2	圆筒 l=5536	16MnR	1	
4	JB/T 4736—2002		16MnR	2	
3	GF 086-2-1		10	2	
2	JB/T 82—2015		20	2	JB 77—59
1	NB/T 47023—2012	法兰 -FM 600-2.5	16Mn	1	
序号	代号	名称	材料	数量	备注

设计		壳体	GF 086-1-00
校对			
审核			

班级		姓名		学号		审阅	

14-1 化工设备图

（7）抄绘以下化工设备图，并补充表格中“名称”列。

折流板间距		150	200	300	480
内折流板（5）	数量	2+3	1+2	1+1	0+1
弓形折流板（8）	数量	31	23	15	9
定距管（3）	长度	170	270	170	470
定距管（9）	长度	144	194	294	474
	数量	161	119	78	47
旁路挡板（10）	长度	144	194	294	474
	数量	128	96	64	40
拉杆（13）	长度	5810	5760	5660	5840
序号（11、18）	长度	450	400	300	480
拉杆（19）	长度	5660	5560	5360	5360
定距管（20）	长度	294	394	594	954
	数量	10	6	4	2
定距管（21）	长度	320	470	470	950

技术要求

1．换热管与管板的连接采用胀接、焊接或强度焊加贴胀，当用户有要求时，应按用户要求制造。若胀接，其长度为 49 mm，如果操作温度＞300 ℃时，须采用焊接或强度焊加贴胀

2．导流筒与异形折流板及支撑板焊牢

3．所有定距管长度偏差为 −1 mm

4．除注明外，所有角焊缝的焊脚高度均等于较薄件厚度，并须是连续焊

注：1．物料表的参数及图面尺寸均按折流板间距 B=150 mm 计算，不同折流板间距的参数按右上表确定

2．折流板缺圆方位均以靠近固定管板的第一块弓形折流板缺圆为准，依次错排

序号	代号	名称	材料	数量	备注
7	GF 086-3b-7		20	2	
6	GF 086-3b-6		16Mn	1	
5	GF 086-3b-5		16MnR	1	
4	GF 086-3b-4		16MnR	2	
3	GF 086-3b-3	定距管 $\phi 25\times 2.5$L=170	10	2	
2	GF 086-3b-2	固定管板	20	2	JB 77—59
1	GF 086- 3b-1	支耳	16Mn	1	
设计		管束			
校对					

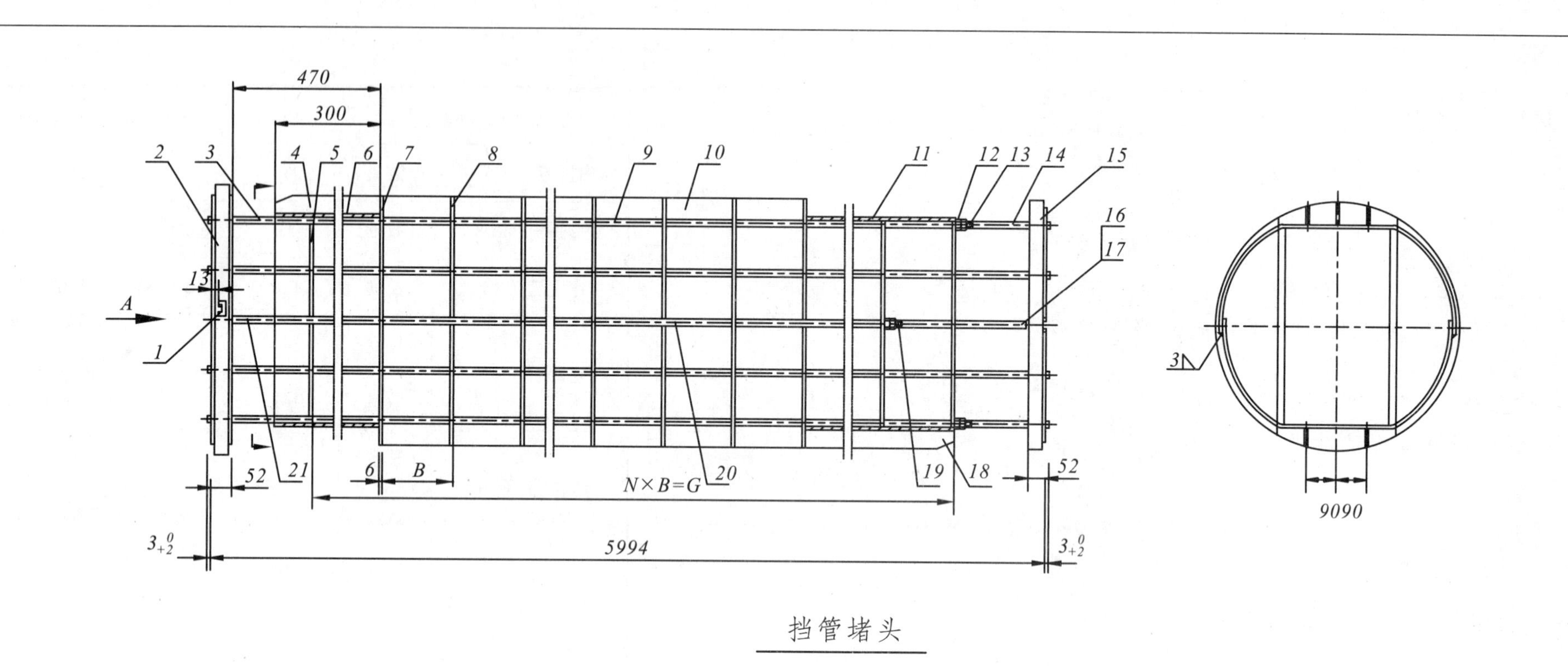

挡管堵头

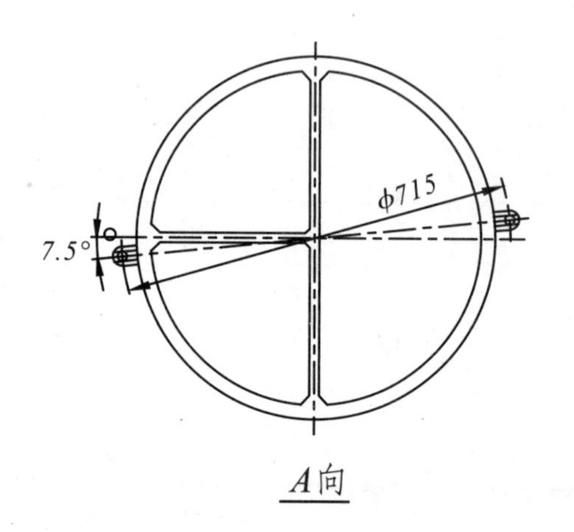

A向

序号	代号	名称	材料	数量	备注
14	GF 086-3b-13	螺纹换热管 ϕ25 × 2.5 L=6000	10	188	无图
13	GF 086-3b-12		Q235-A	3	
12	GB/T 41-2016		Q235-A	10	
11	GF 086-3b-11		Q235-A.F	2	
10	GF 086-3b-10	旁路挡板 144 × 43 × 6	Q235-A.F	128	无图
9	GF 086-3b-9	定距管 ϕ25 × 2.5 L=144	10	161	无图
8	GF 086-3b-8		Q235-A.F	31	

设计			管 束
校对			

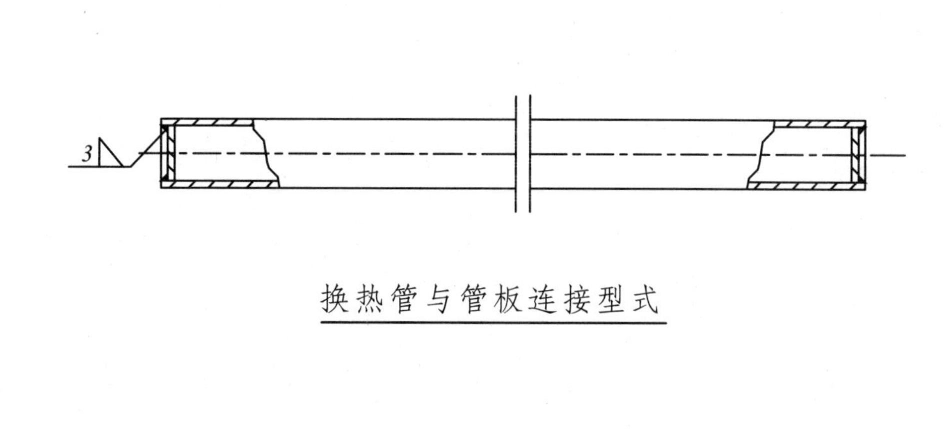

换热管与管板连接型式

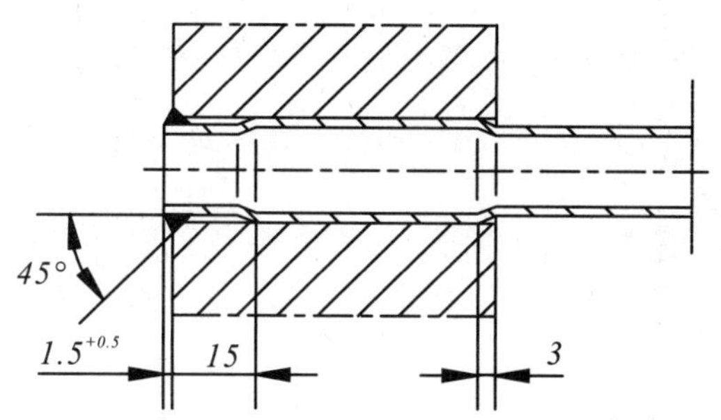

强度焊加贴胀详图

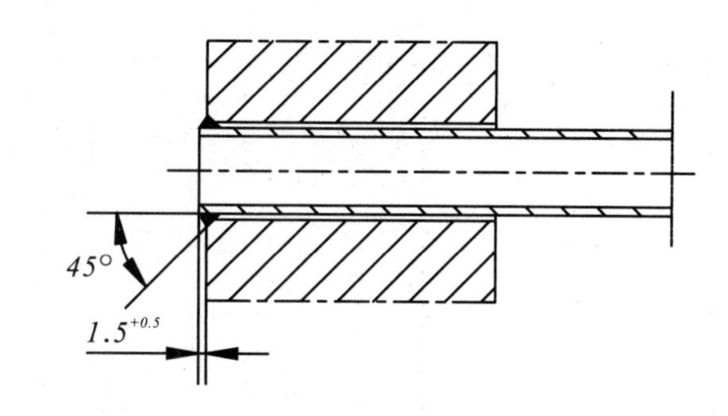

焊接详图

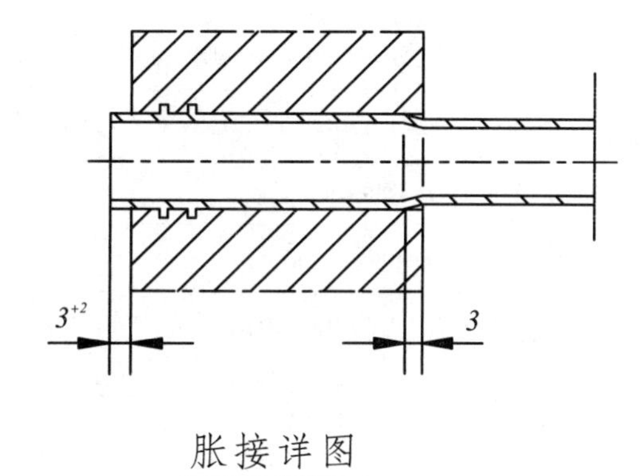

胀接详图

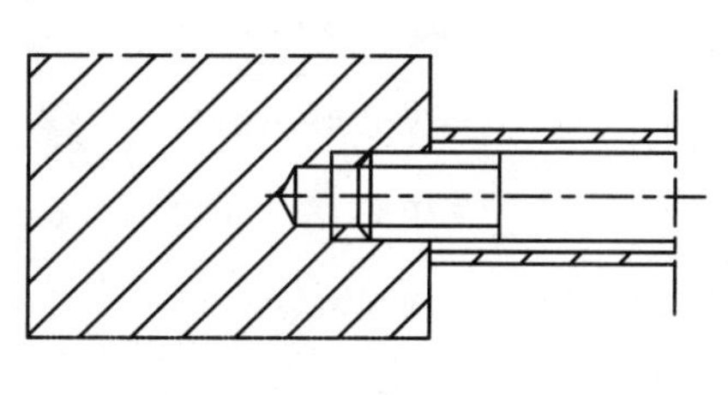

拉杆与管板连接详图

序号	代号	名称	材料	数量	备注
21	GF 086-3b-20		10	2	无图
19	GF 086-3b-19		10	10	无图
20	GF 086-3b-18		Q235-A	2	
18	GF 086-3b-17	支撑板Ⅱ	Q235-A.F	1	
17	GF 086-3b-16	堵板 $\phi 19\times3$	Q235-A.F	4	无图
16	GF 086-3b-15	挡管 $\phi 25\times2.5$ L=5880	10	2	无图
15	GF 086-3b-14	浮动管板	16MnR	1	

设计			管束	
校对				

班级		姓名		学号		审阅	

14–1　化工设备图

（8）抄绘以下化工设备图，并补充表格中“名称”列。

技术要求

1. 遵循《固定式压力容器安全技术监察规程》（TSG 21—2016）制造与验收
2. 本设备受压元件用 16MnR 钢板应符合《锅炉和压力容器用钢板》（GB/T 713—2014）的规定，所用无缝钢管应符合《输送流体用无缝钢管》（GB/T 8163—2018）的规定
3. 本设备所用锻件应按《承压设备用碳素钢和合金钢锻件》（WB/T 47008—2010）制造与验收，验收级别为Ⅱ级
4. 设备所用焊接材料应按《非合金钢及细晶粒钢焊条》（GB/T 5117—2012）或《热强钢焊杂》（GB/T 5118—2012）选用，对接焊缝的型式及尺寸应符合《气焊、焊条电弧焊、气体保护焊和高能束焊的推荐坡口》（GB/T 985.1—2008）或《埋弧焊的推荐坡口》（GB/T 985.2—2008）的规定，焊缝系数不得低于 0. 85
5. 设备的对接焊缝应进行局部射线检测，检查长度不得小于各条焊缝长度的 20%，且不小于 250 mm。对于 A、B 类焊接接头，应满足《承压设备无损检测》（NB/T 4730.1—2015）Ⅲ级合格检测标准
6. 设备安装时，固定支座采用两个螺母拧紧，活动支座的第一个螺母拧紧后倒退一圈，然后用第二个螺母锁紧

注：1. 本设备材料表中所列开口管法兰数量均包括对应法兰
　2. 除注明外，所有搭接或角接焊缝的焊脚高均等于较薄件厚度
　3. 设备所用椭圆封头和拱形封头厚度不包括冲压减薄量
　4. 本设备活动支座基础顶面按《容器支座》（NB/T 47065.1—2018）要求
　5. 本设备换热管选用螺纹换热管符合《热交换器》（GB/T 151—214）的规定
　6. 换热器壳体中部须装设一个铭牌支托，放置产品铭牌，其尺寸由制造厂按规定设计

序号	代号	名称	材料	数量
19	NB/T 47027—2012	双头螺柱 M24 × 190	40Cr	22
18	NB/T 47065.1—2018	支座 BI600–F	Q235A.F	1
17	NB/T 47065.1—2018	支座 BI600–S	Q235A. F	1
16	GF 086–5–00		组合件	1
15	GF 086–4–00		组合件	1
14	GB/T 6170—2015		35	48
13	GB/T 6170—2015	头螺柱 M20 × 210	40Cr	24
12	GB/T 29463.1—2012	金属包垫 F33– 600–2.5	组合件	1
11	GF 086–2		16Mn	1
10	GB/T 29463.1—2012	金属包垫 W33–600–2.5	组合件	1
9	GB/T 6170—2015	螺母 M24	35	56
8	NB/T 47027—2012	双头螺柱 M24 × 170	40Cr	28
7	GF 086–3b–00		组合件	1
6	GF 086–2–00		组合件	1
5	GB/T 29463.1—2012	金属包垫 C33–600–2.5	组合件	1
4	GB/T 29463.1—2012	金属包垫 G33–600–2.5–4	组合件	1
3	GB/T 6170—2015	螺母 M24	35	48
2	GF 086–1	带肩双头螺柱 M24 × 190	40Cr	2
1	GF 086–1–00		组合件	1

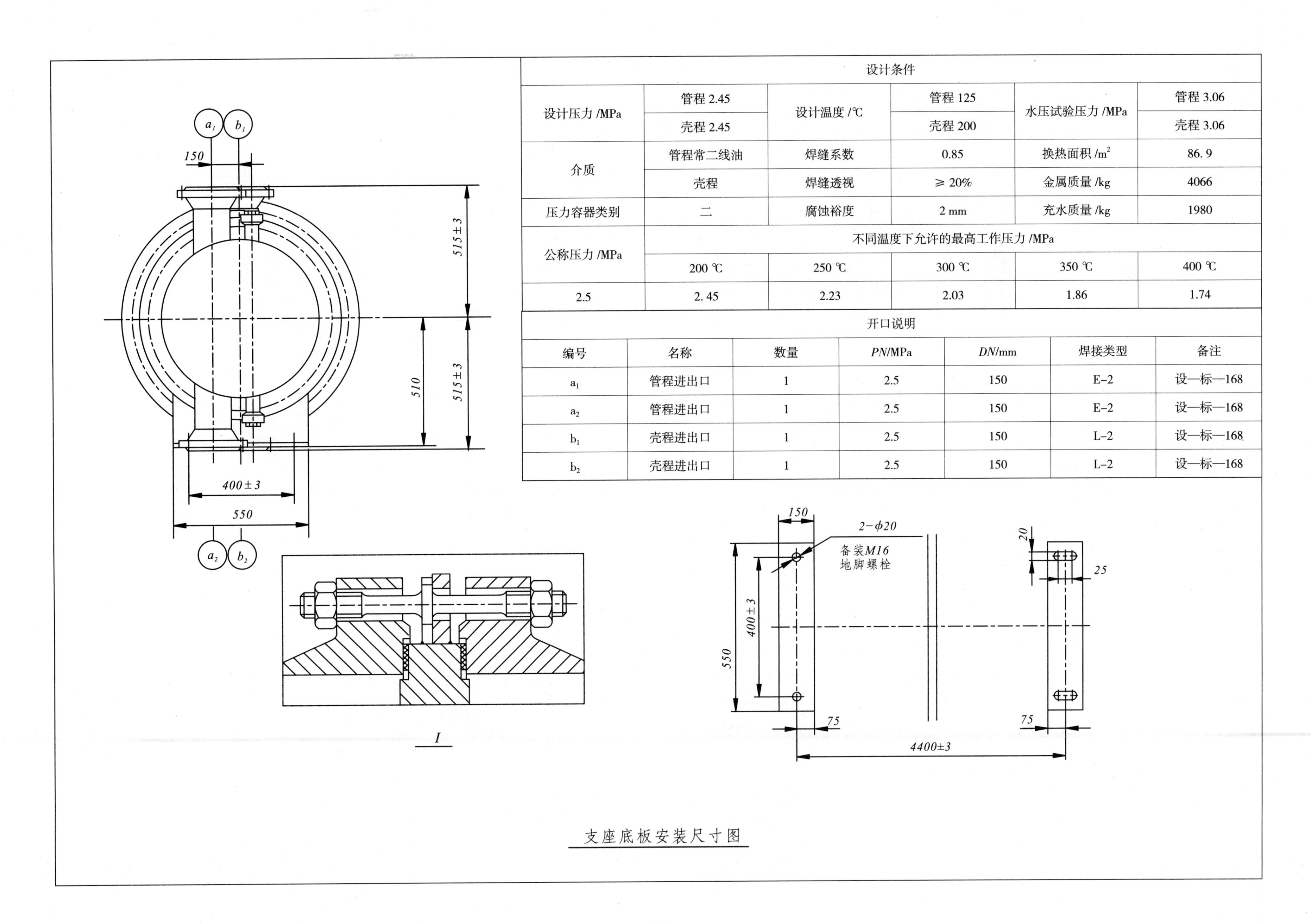

设计条件					
设计压力 /MPa	管程 2.45	设计温度 /℃	管程 125	水压试验压力 /MPa	管程 3.06
	壳程 2.45		壳程 200		壳程 3.06
介质	管程常二线油	焊缝系数	0.85	换热面积 /m²	86. 9
	壳程	焊缝透视	≥ 20%	金属质量 /kg	4066
压力容器类别	二	腐蚀裕度	2 mm	充水质量 /kg	1980
公称压力 /MPa	不同温度下允许的最高工作压力 /MPa				
	200 ℃	250 ℃	300 ℃	350 ℃	400 ℃
2.5	2. 45	2.23	2.03	1.86	1.74

开口说明						
编号	名称	数量	*PN*/MPa	*DN*/mm	焊接类型	备注
a_1	管程进出口	1	2.5	150	E–2	设—标—168
a_2	管程进出口	1	2.5	150	E–2	设—标—168
b_1	壳程进出口	1	2.5	150	L–2	设—标—168
b_2	壳程进出口	1	2.5	150	L–2	设—标—168

支座底板安装尺寸图

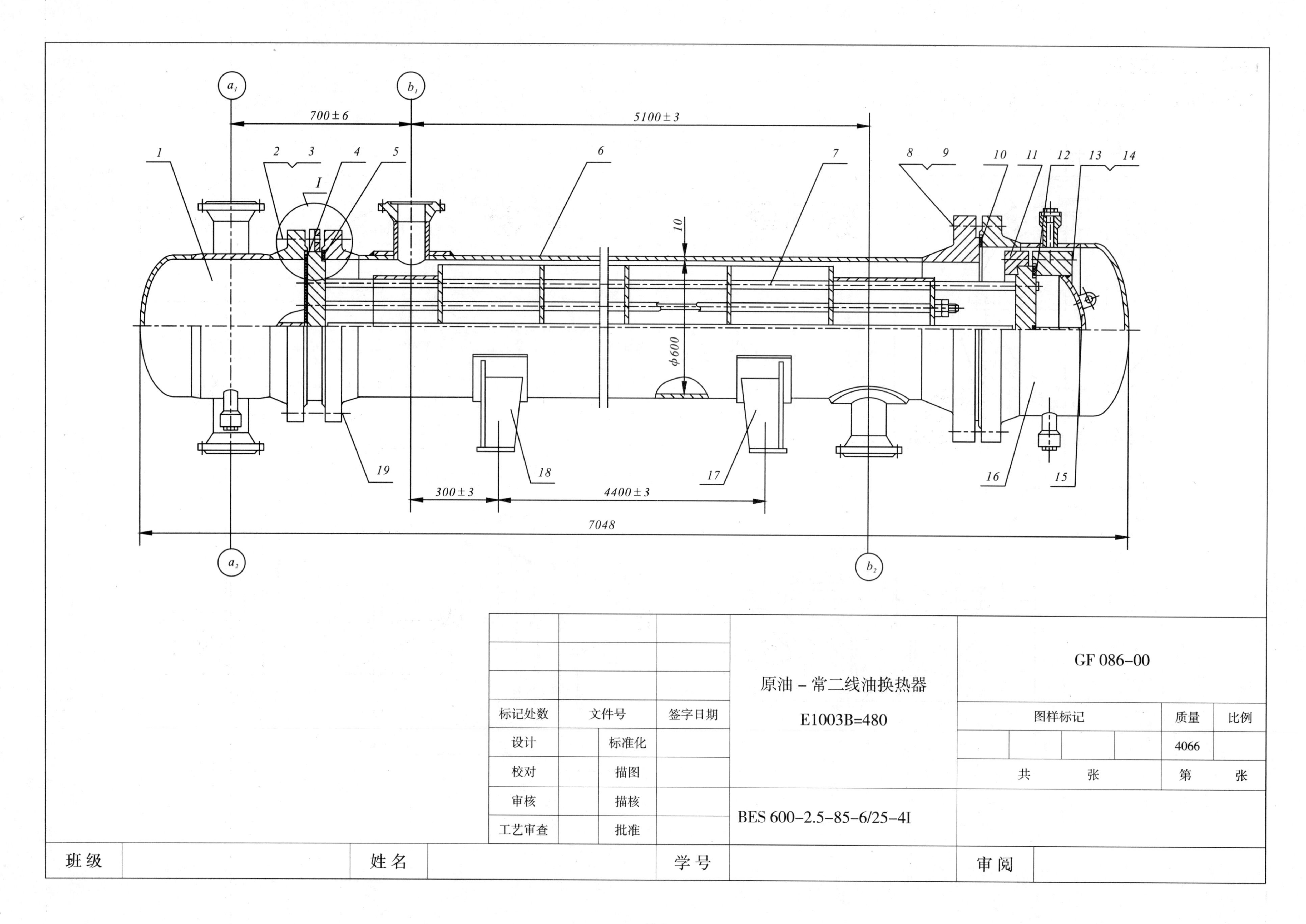

a1
b1
a2
b2
700±6
5100±3
1
2
3
4
5
6
7
8
9
10
11
12
13
14
15
16
17
18
19
I
10
ϕ600
300±3
4400±3
7048
标记处数
文件号
签字日期
设计
标准化
校对
描图
审核
描核
工艺审查
批准
原油－常二线油换热器
E1003B=480
BES 600-2.5-85-6/25-4I
GF 086-00
图样标记
质量
比例
4066
共 张
第 张
班级
姓名
学号
审阅

14-2　化工工艺图

（1）已知化工工艺流程图符号，请写出相应符号名称。

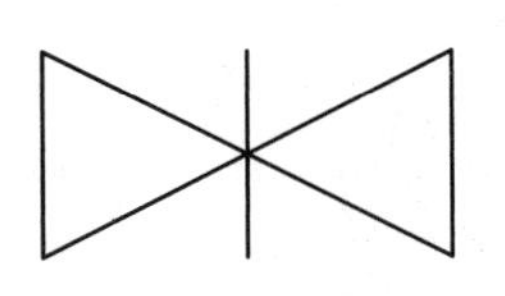 ________
 ________
 ________
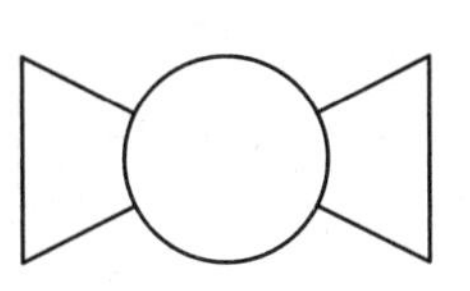 ________
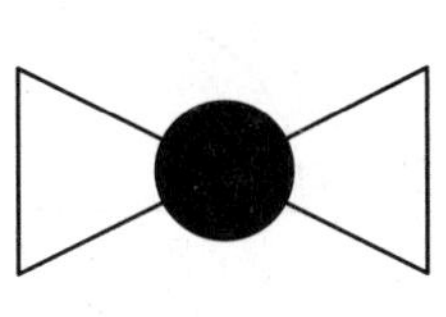 ________
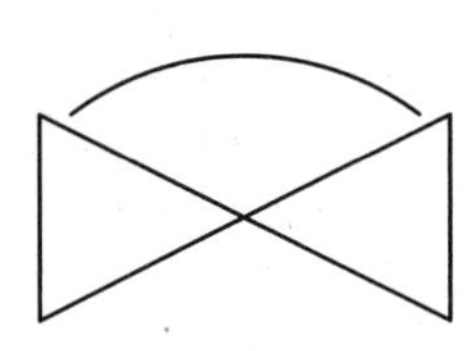 ________
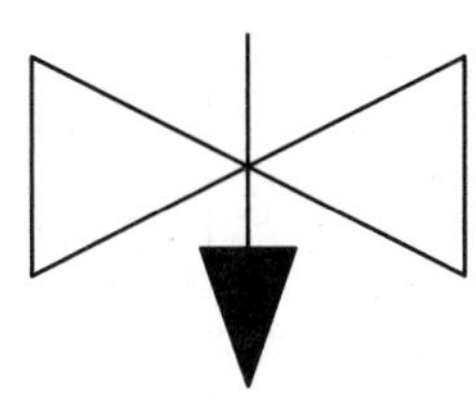 ________

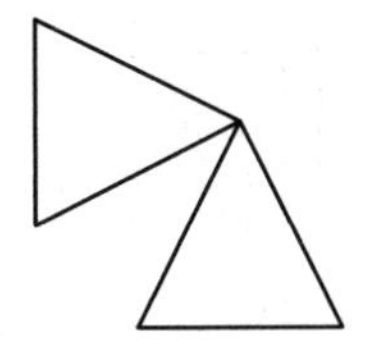 ________
 ________
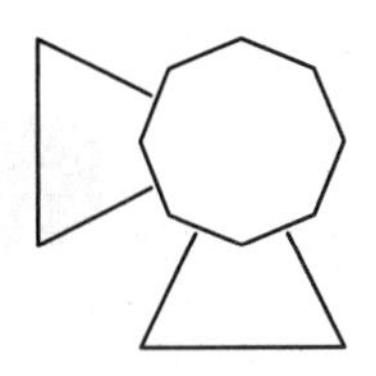 ________
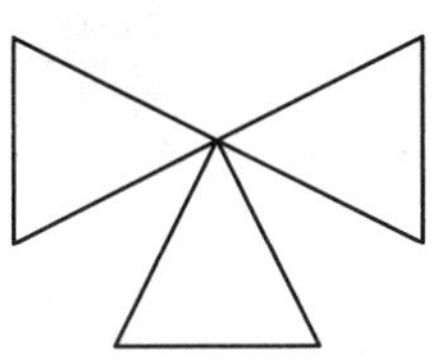 ________
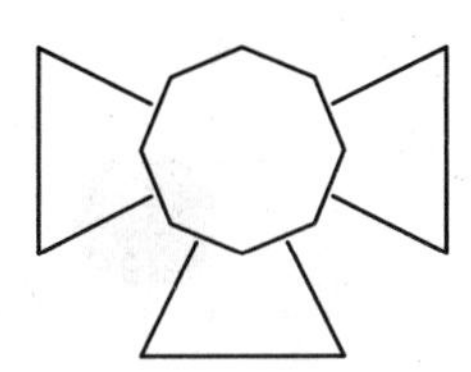 ________
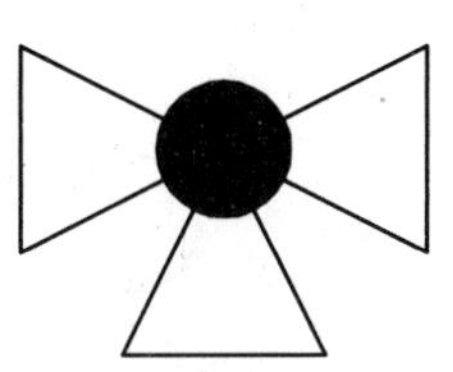 ________

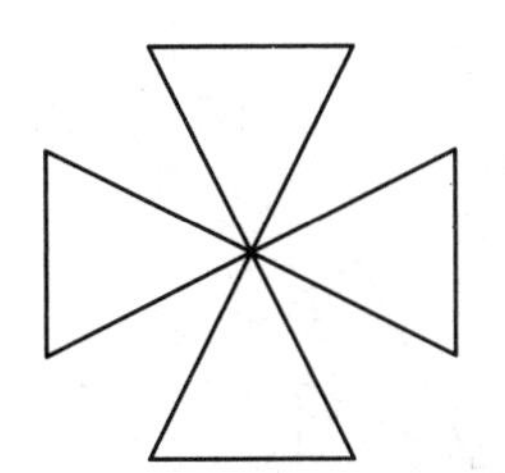 ________
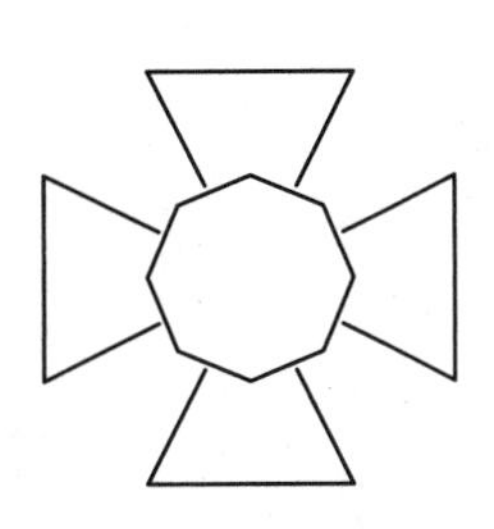 ________
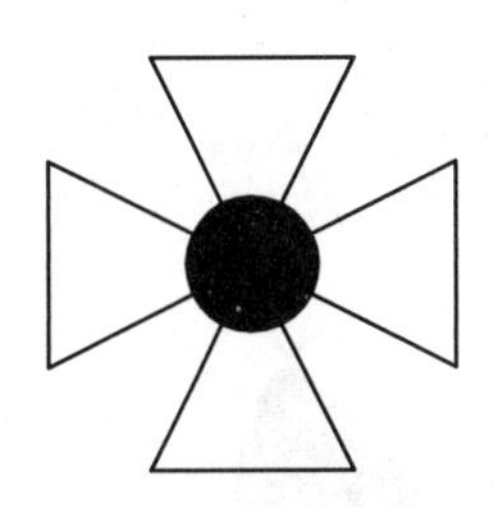 ________
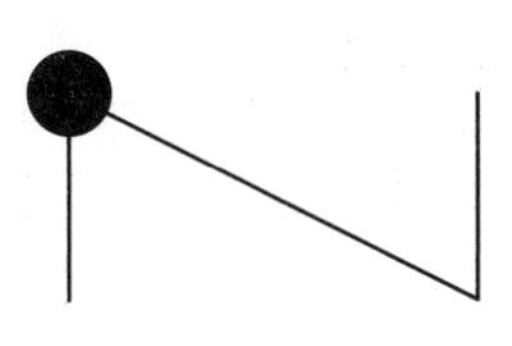 ________
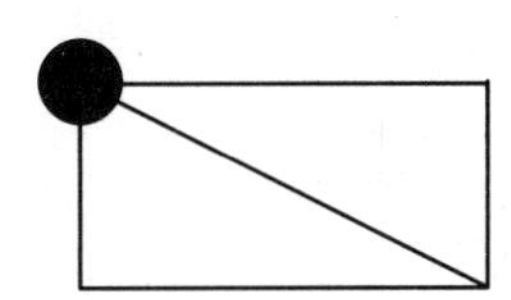 ________
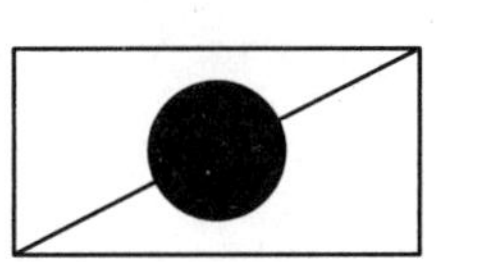 ________

班级		姓名		学号		审阅	

14-2　化工工艺图

（2）已知化工工艺流程图符号，请写出相应符号名称。

50/25　　50/25　　50/25

班级		姓名		学号		审阅	

14-2 化工工艺图

（3）已知化工工艺流程图符号，请写出相应符号名称。

M

C.S.O

C.S.C

班级		姓名		学号		审阅	

14–2　化工工艺图

（4）已知化工工艺流程图符号，请写出相应符号名称。

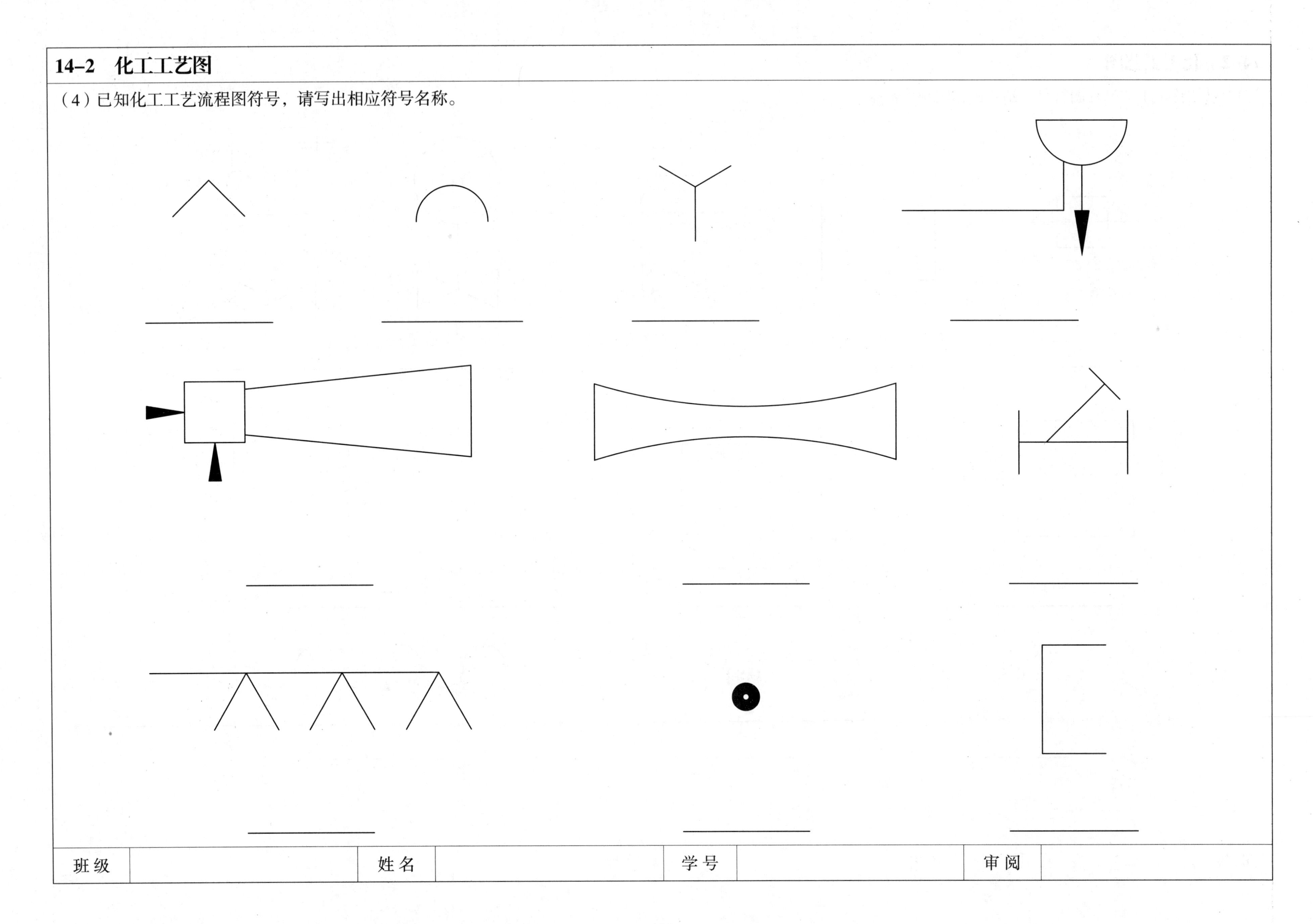

班级		姓名		学号		审阅	

14–2　化工工艺图

（5）已知化工工艺流程图符号，请写出相应符号含义。

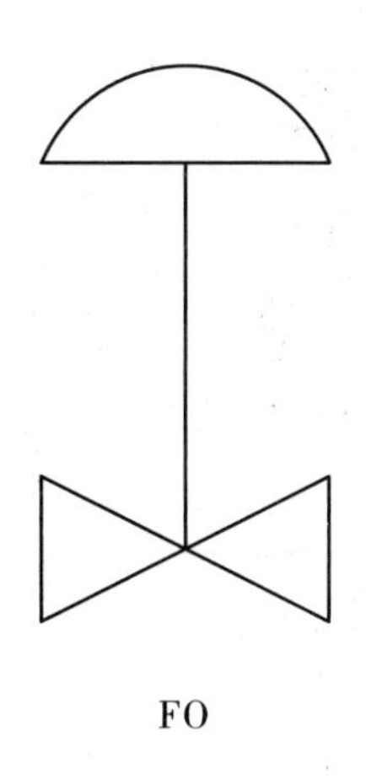

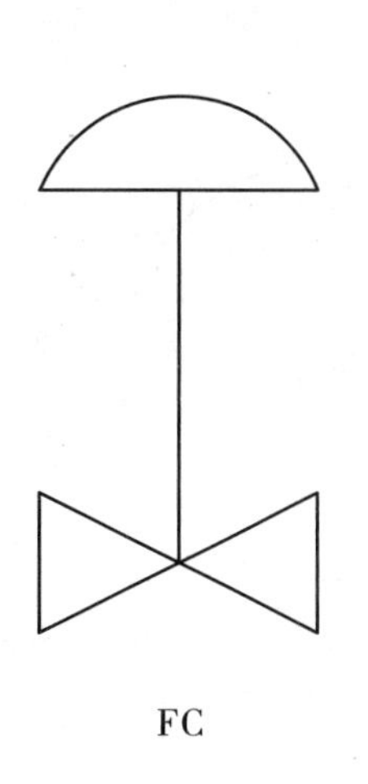

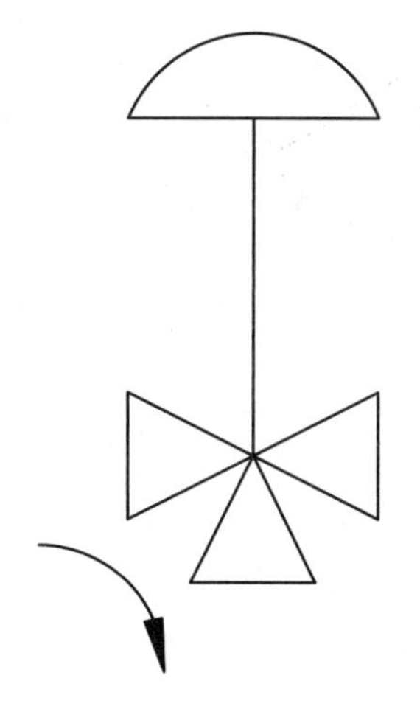

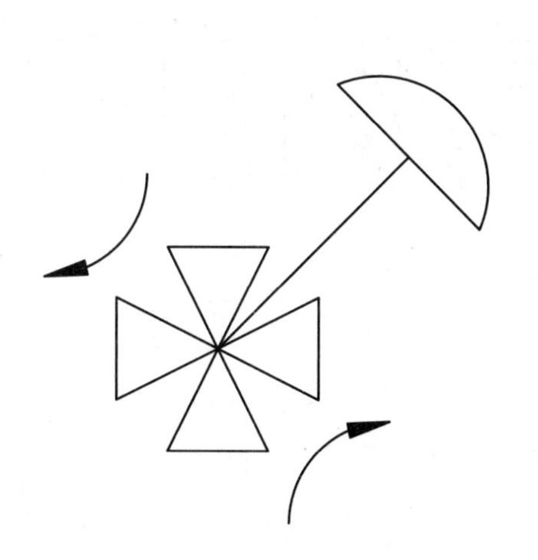

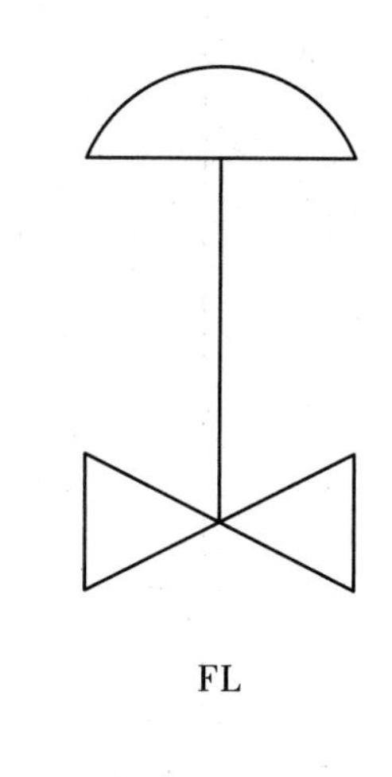

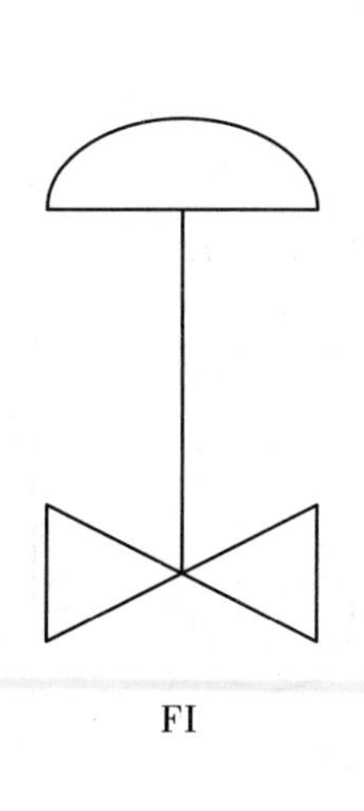

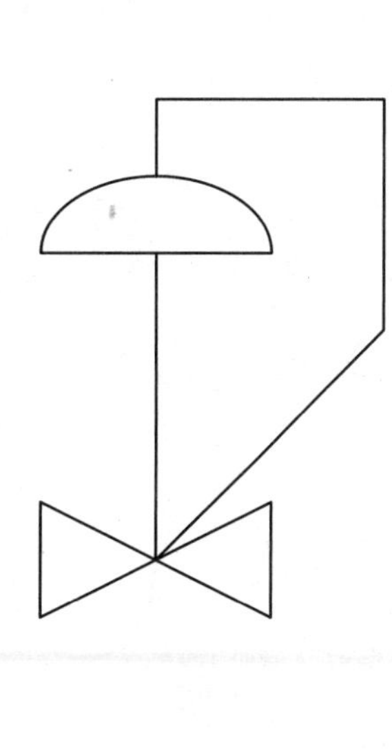

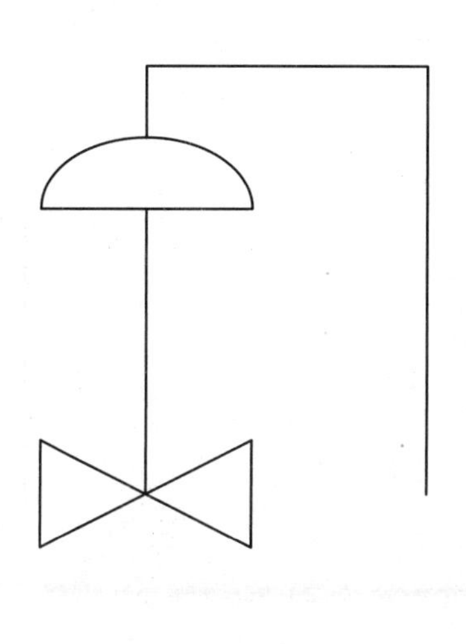

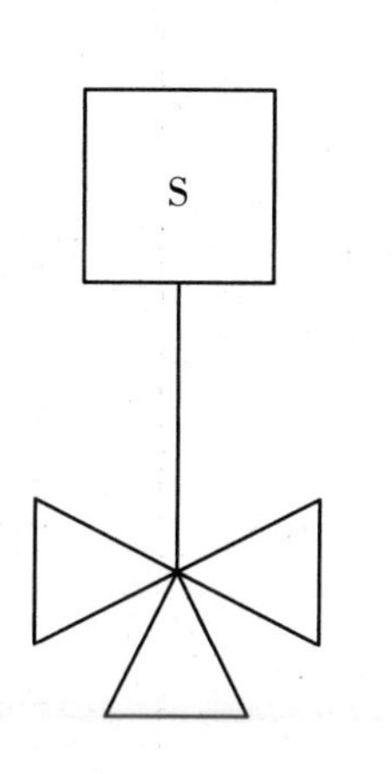

班级		姓名		学号		审阅	

14-2 化工工艺图

（6）已知化工工艺流程图符号，请写出相应符号含义。

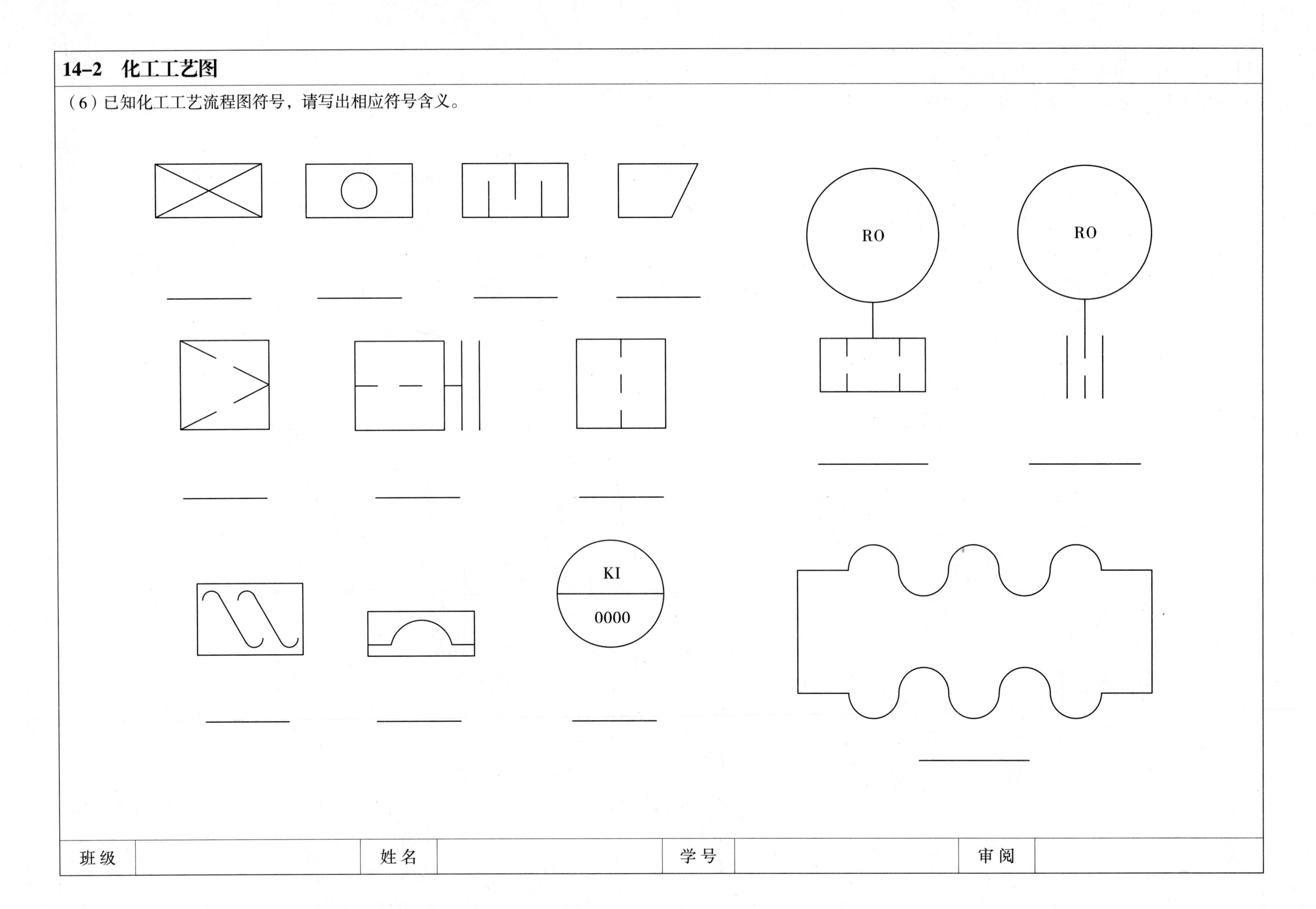

班级		姓名		学号		审阅	

14-2 化工工艺图

（7）阅读化工工艺流程图，分析化工生产流程。

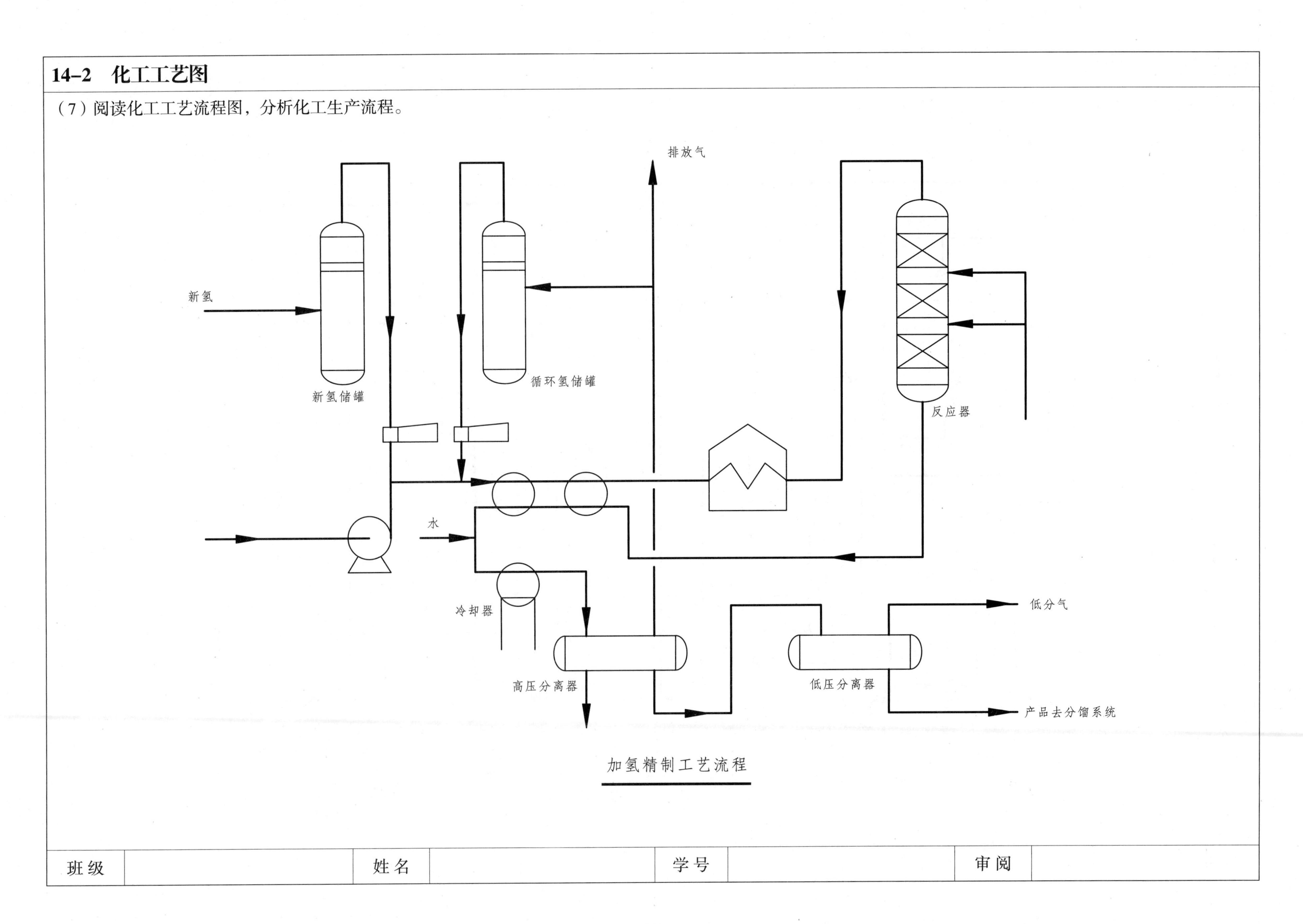

加氢精制工艺流程

班级		姓名		学号		审阅	

14–2 化工工艺图

（8）阅读化工工艺流程图，分析化工生产流程。

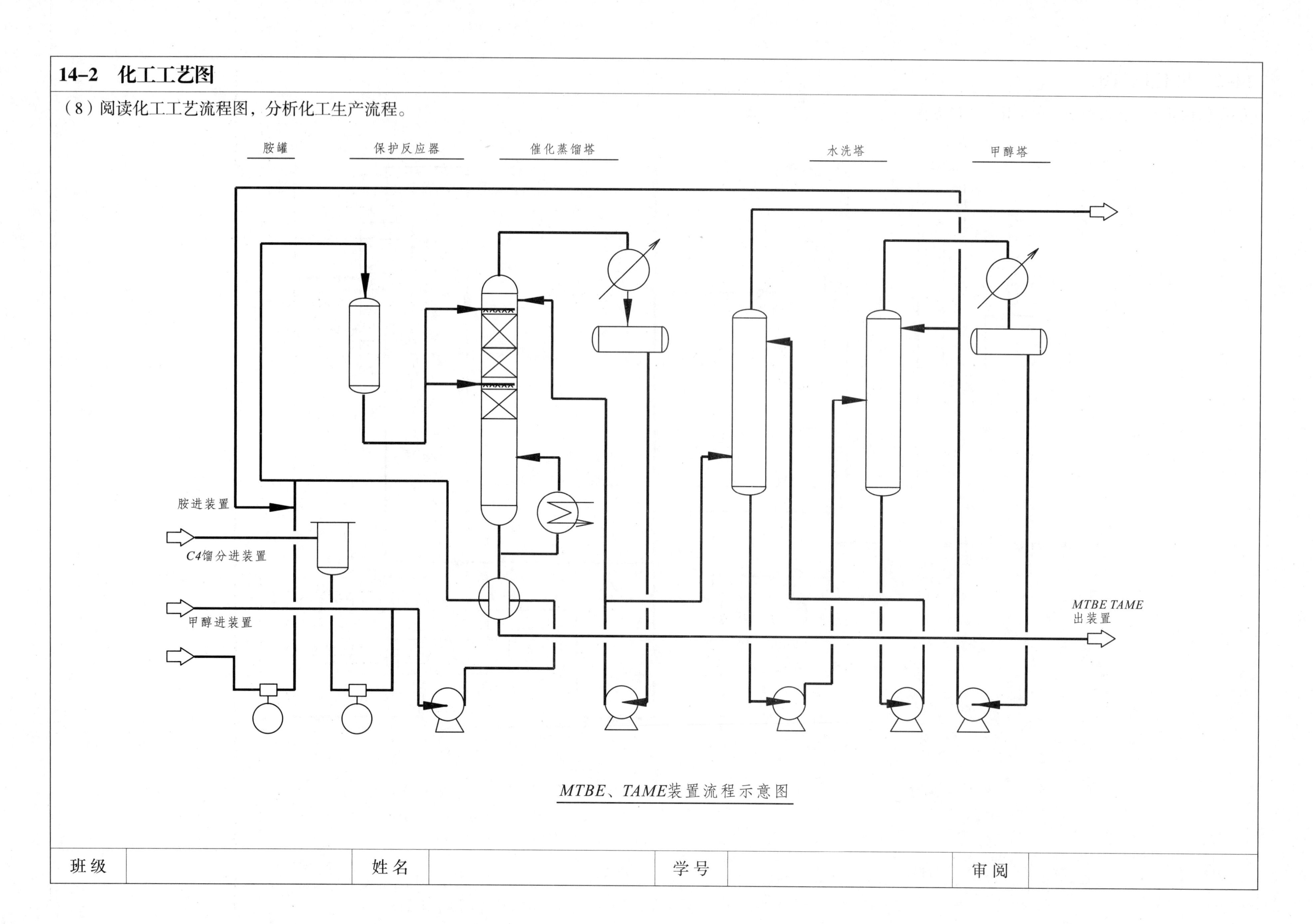

MTBE、TAME装置流程示意图

班级		姓名		学号		审阅	

14-2 化工工艺图

（9）阅读化工工艺流程图，分析化工生产流程。

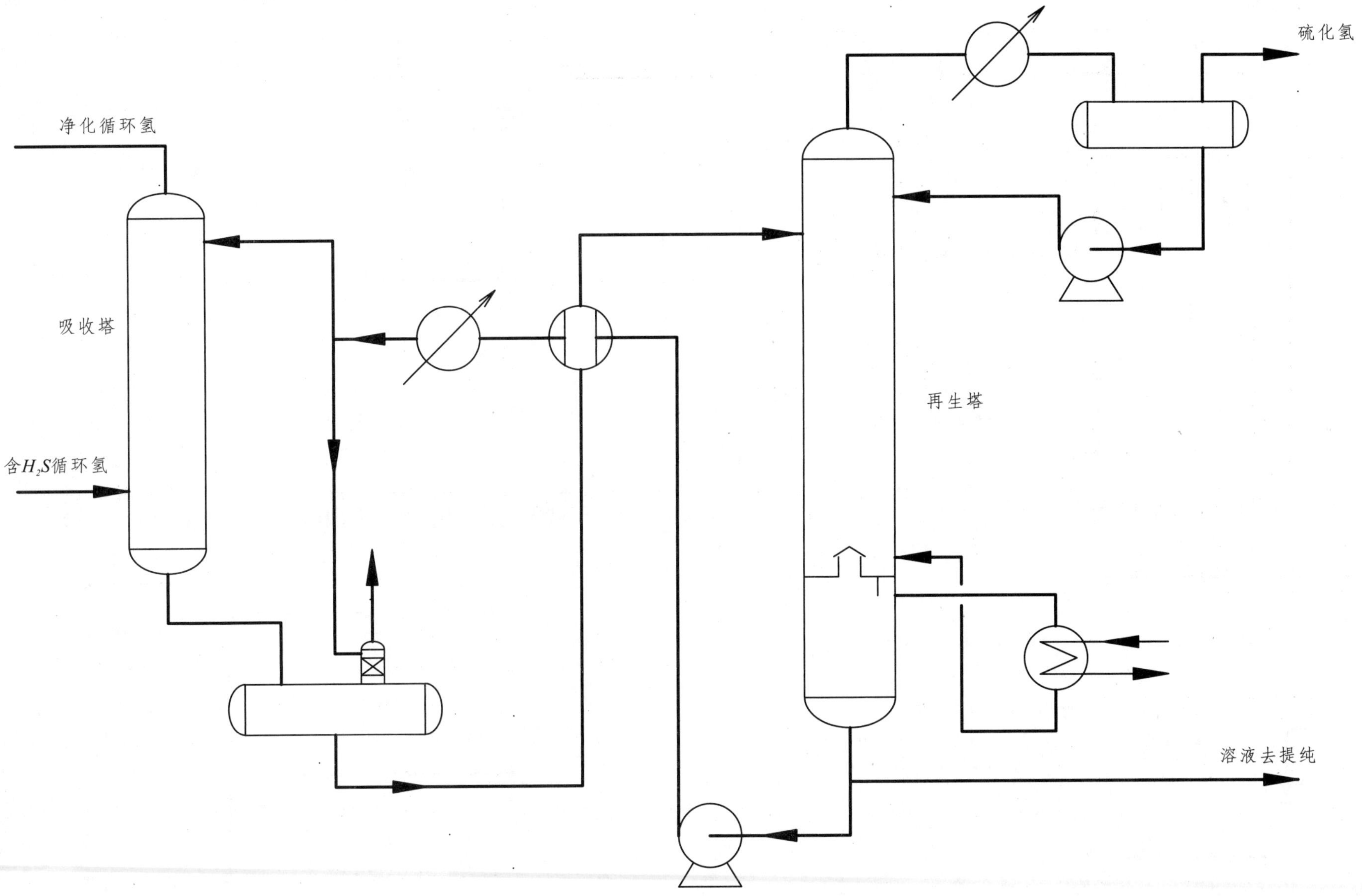

循环氢脱H_2S工艺流程

班级		姓名		学号		审阅	

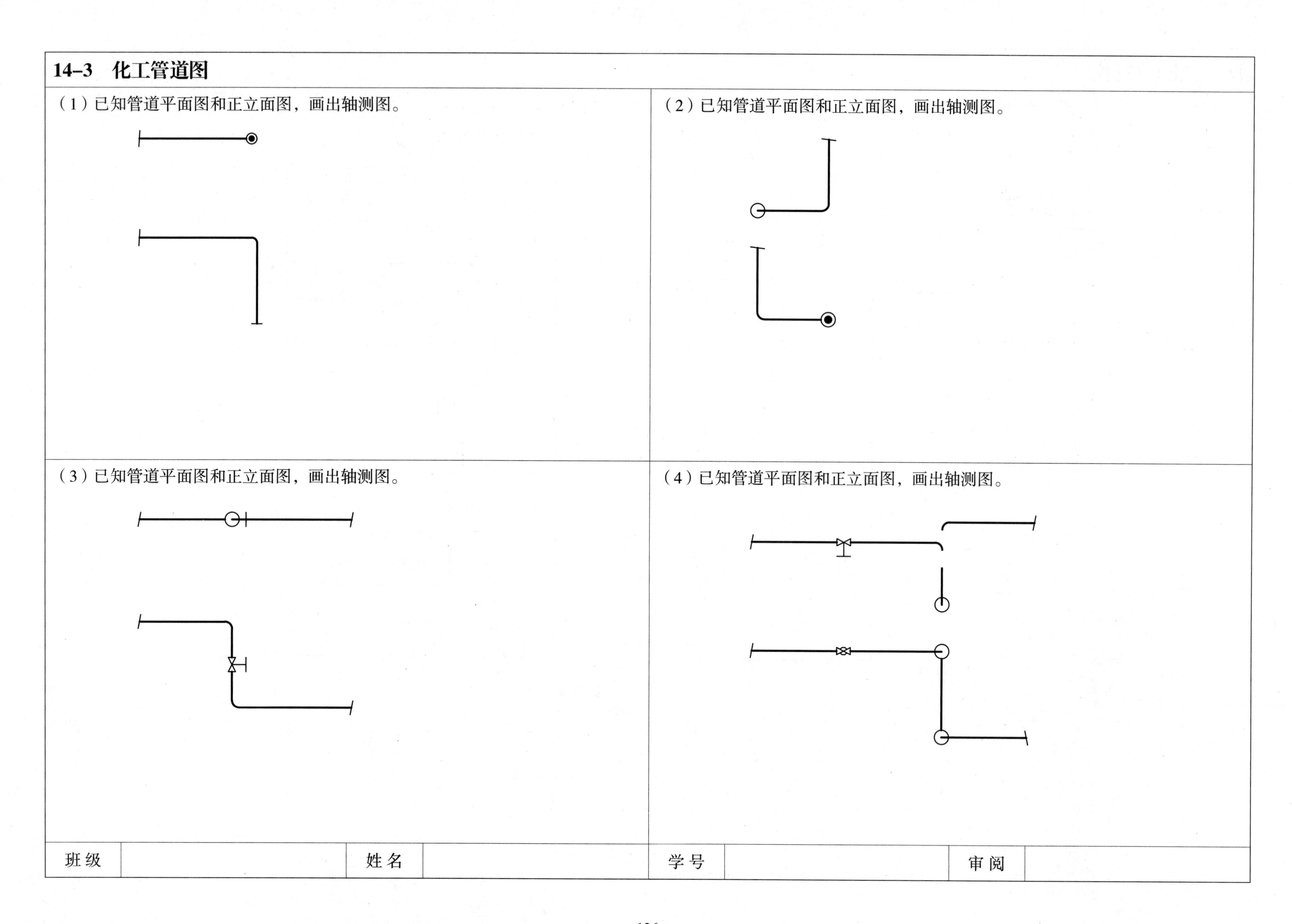
14–3　化工管道图
（1）已知管道平面图和正立面图，画出轴测图。
（2）已知管道平面图和正立面图，画出轴测图。
（3）已知管道平面图和正立面图，画出轴测图。
（4）已知管道平面图和正立面图，画出轴测图。
班 级
姓 名
学 号
审 阅

14–3 化工管道图

（5）已知管道平面图和正立面图，画出轴测图。

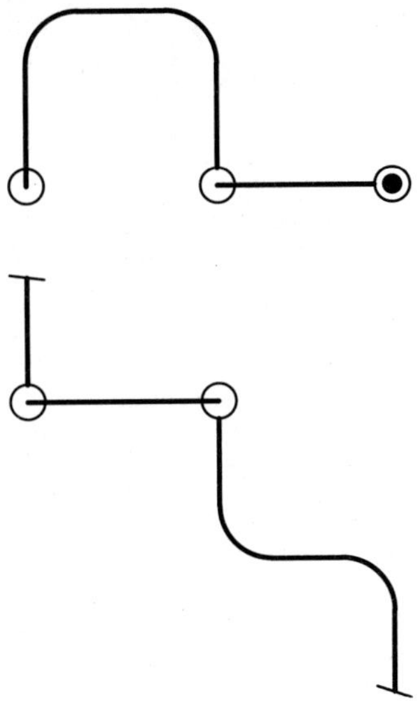

（6）已知管道平面图和正立面图，画出轴测图。

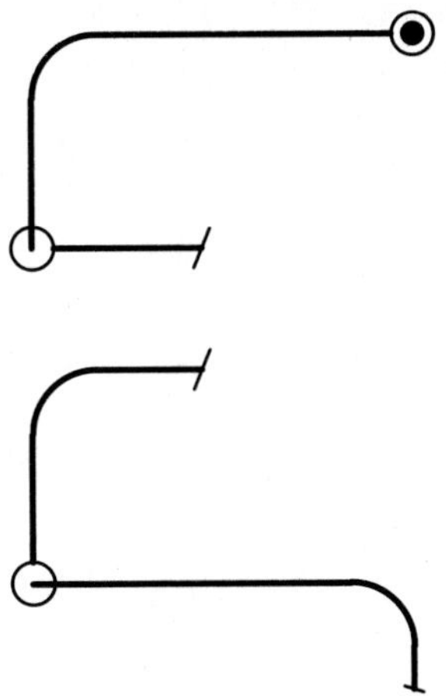

（7）已知管道平面图和正立面图，画出轴测图。

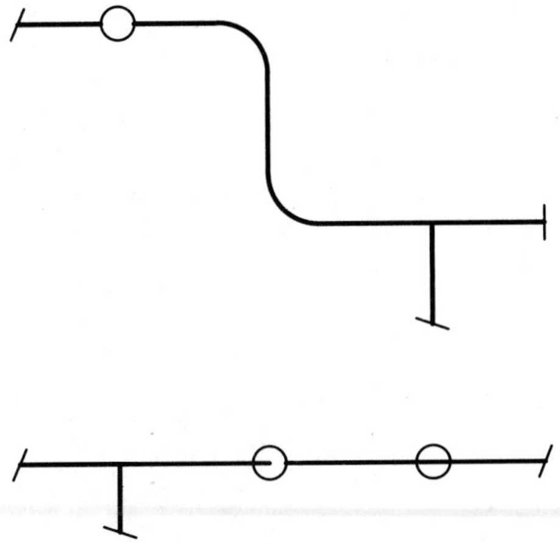

（8）已知管道平面图和正立面图，画出轴测图。

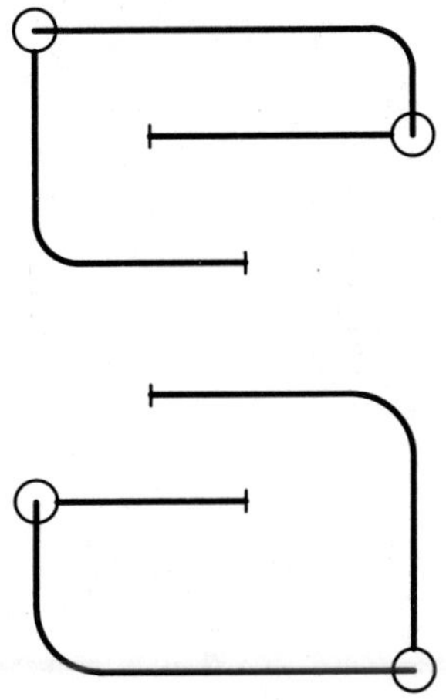

班级		姓名		学号		审阅	

14–3　化工管道图

（9）已知管道的轴测图，画出平面图和正立面图。

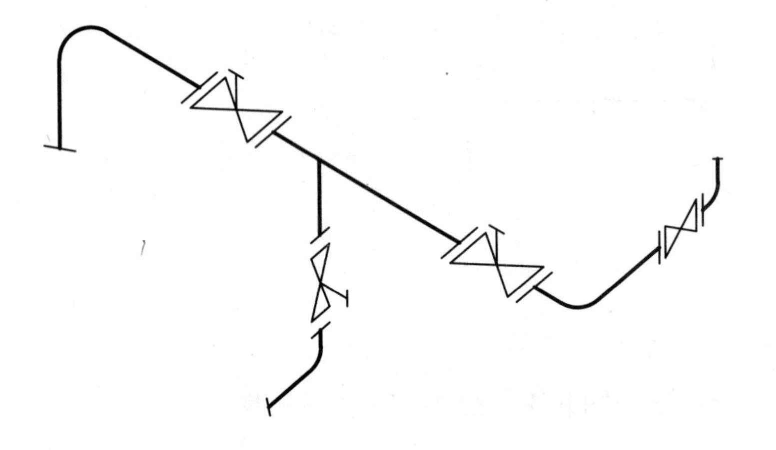

班 级		姓 名		学 号		审 阅